W0253662

WERKSTATTBÜCHER

FÜR BETRIEBSBEAMTE, KONSTRUKTEURE UND FACHARBEITER
HERAUSGEGEBEN VON DR.-ING. H. HAAKE, HAMBURG

Jedes Heft 50—70 Seiten stark, mit zahlreichen Textabbildungen

---

Die Werkstattbücher behandeln das Gesamtgebiet der Werkstattstechnik in kurzen selbständigen Einzeldarstellungen; anerkannte Fachleute und tüchtige Praktiker bieten hier das Beste aus ihrem Arbeitsfeld, um ihre Fachgenossen schnell und gründlich in die Betriebspraxis einzuführen.

Die Werkstattbücher stehen wissenschaftlich und betriebstechnisch auf der Höhe, sind dabei aber im besten Sinne gemeinverständlich, so daß alle im Betrieb und auch im Büro Tätigen, vom vorwärtsstrebenden Facharbeiter bis zum leitenden Ingenieur, Nutzen aus ihnen ziehen können.

Indem die Sammlung so den einzelnen zu fördern sucht, wird sie dem Betrieb als Ganzem nutzen und damit auch der deutschen technischen Arbeit im Wettbewerb der Völker.

Einteilung der bisher erschienenen Hefte nach Fachgebieten

I. Werkstoffe, Hilfsstoffe, Hilfsverfahren

II. Spangebende Formung

(Fortsetzung 3. Umschlagseite)

WERKSTATTBÜCHER
FÜR BETRIEBSBEAMTE, KONSTRUKTEURE UND FACH-ARBEITER. HERAUSGEBER DR.-ING. H. HAAKE, HAMBURG
HEFT 64

Metallographie

Grundlagen und Anwendungen

Von

Dr.-Ing. Otto Mies †
Hamburg

Dritte Auflage
(13. bis 18. Tausend)

Mit 186 Abbildungen im Text

Springer-Verlag Berlin Heidelberg GmbH
1949

Inhaltsverzeichnis.

Bemerkungen.

[8] im Text bedeutet: vgl. Abschn. 8. — Spannungen sind in kg/mm² angegeben, auch wo die Benennung fortgelassen ist. — Die Bruchdehnungen gelten für Zugstäbe, deren Meßlänge gleich dem 10fachen Durchmesser ist. — Temperaturen sind in °C angegeben.

Chemische Kurzzeichen.

Al = Aluminium, As = Arsen, Be = Beryllium, C = Kohlenstoff, Cd = Kadmium, Cl = Chlor, Co = Kobalt, Cr = Chrom, Cu = Kupfer, F = Fluor, Fe = Eisen, H = Wasserstoff, Mg = Magnesium, Mn = Mangan, Mo = Molybdän, N = Stickstoff, Ni = Nickel, O = Sauerstoff, P = Phosphor, Pb = Blei, S = Schwefel, Si = Silizium, Sn = Zinn, V = Vanadium, W = Wolfram, Zn = Zink.

ISBN 978-3-662-30650-5 ISBN 978-3-662-30719-9 (eBook)
DOI 10.1007/978-3-662-30719-9

Vorwort.

Die Schrift soll dem ausübenden und dem angehenden Ingenieur zur Einführung in die Gefügelehre (Metallographie) dienen. Sie schreitet daher vom Einfachsten zu Verwickelterem vor. Die wichtigsten Gefügeerscheinungen und ihre Verknüpfung mit den praktisch wichtigen Werkstoffeigenschaften sind zunächst am Eisen im Teil I dargestellt. Er soll der ersten Einarbeit dienen. Die folgenden Abschnitte behandeln auch das Entstehen des Gefüges, zunächst im Teil II wieder am Eisen als dem wichtigsten Metall. Dadurch wurde im Teil III bei den Cu-, Al- u. Mg-Legierungen Platz für einige weitergehende Betrachtungen über Gefügebildung gewonnen, die als Vorbereitung zum Durcharbeiten eingehenderer Darstellungen dienen können. Weitere Metalle hätten nur unter unzulässiger Kürzung der grundlegenden Erörterungen behandelt werden können. In allen Teilen wurde — soweit der Platz es gestattete — versucht, die praktische Bedeutung der Gefügelehre bei der Beurteilung zahlreicher Werkstattsarbeiten zu zeigen. Dem dienen auch die Ergebnisse der mechanischen Prüfungen, die bei den meisten Gefügebildern angeführt wurden.

Grundsätzliches wurde in der 2. Auflage nicht geändert in Anbetracht des glatten Absatzes der 1. Auflage und der fast ausnahmslos anerkennenden Besprechungen in der Fachpresse des In- und Auslandes. Dort gegebene Anregungen, für die ich dankbar bin, habe ich soweit wie möglich berücksichtigt. Ein Schlagwörterverzeichnis ist angefügt. Der Umfang des Bändchens ist hierdurch und durch einige andere Erweiterungen um 4 Seiten gewachsen. Die vorliegende 3. Auflage ist ein unveränderter Abdruck der 2. Auflage[1].

I. Die wichtigsten Gefügebestandteile von Eisen und Stahl. Ihr Aussehen im Mikroskop und ihre mechanischen Eigenschaften.

A. Eisen-Kohlenstoff-Legierungen bis zu einem C-Gehalt von 0,89 %.

1. Der körnige Aufbau der Metalle. Es ist allgemein bekannt, daß sämtliche Stoffe aus verhältnismäßig wenigen Arten winziger kleiner Teilchen aufgebaut sind, die man Atome nennt. Viel weniger bekannt ist es jedoch, wie die Atome den Stoff aufbauen, ob sie wirr und ohne Regel den Raum erfüllen, oder ob sie in ihrer Anordnung an bestimmte Gesetzmäßigkeiten gebunden sind. Bei der strengen Gesetzlichkeit, die in der Natur allenthalben herrscht, ist eher das letztere zu erwarten, und dies ist auch in der Tat in neuerer Zeit mit Hilfe der Röntgenstrahlen durch Versuche erwiesen worden. Die Atome halten sich in festen Stoffen durch innere Kräfte in ihrer gegenseitigen Lage fest, ohne sich zu berühren; sie bilden, wie man sagt, ein regelmäßiges Raumgitter. So kann es z. B. sein, daß die Atome die Ecken sehr kleiner Würfel bilden, die ihrerseits den Raum nach den drei aufeinander senkrechten Richtungen der Würfelkanten völlig ausfüllen (Abb. 1). Man hat es dann mit einem einfachen würfeligen (kubischen) Gitter zu tun. Stoffe, die in dieser oder einer anderen regelmäßigen Art aus Atomen aufgebaut sind, bezeichnet

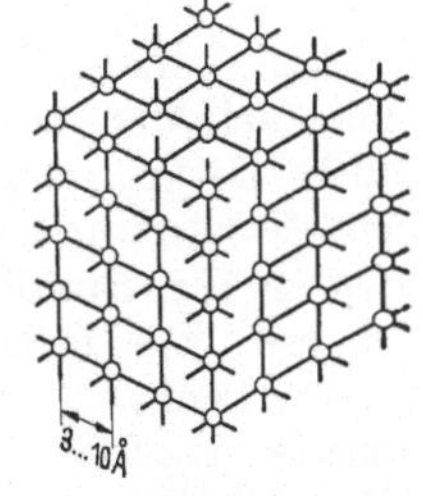

Abb. 1. Würfeliges (kubisches) Raumgitter. 1 Å (Ångström-Einheit) = 1/10000000 mm.

[1] Die 1. Auflage ist 1937, die 2. Auflage 1942 erschienen.

die Stoffkunde als Kristalle. Infolge ihres regelmäßigen inneren Aufbaues besitzen Kristalle oft regelmäßige ebene Außenflächen, durch die sie zuerst auffielen (Abb. 2). Füllt aber ein kristallisierter Stoff eine beliebige Form aus, so ist er trotzdem ein Kristall. Das Wesen des Kristalls besteht eben in seinem gesetzmäßigen inneren Aufbau.

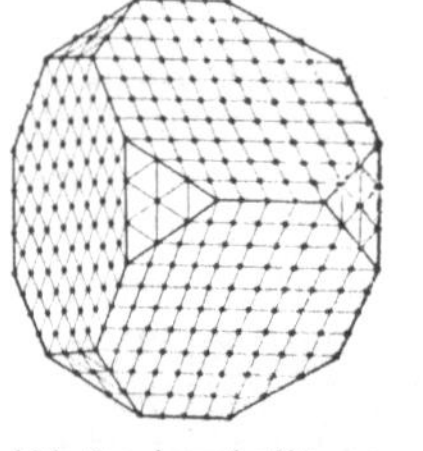

Abb. 2. Ausschnitt aus kubischem Raumgitter (Flußspatkristall).

Auch die Metalle gehören zu den kristallisierten Stoffen. Ein Metallstück bildet aber in der Regel nicht einen einzigen Kristall, also nicht einen sog. Einkristall, sondern es ist aus zahlreichen kleinen Kristallkörnchen zusammengesetzt, die sich mit ihren unregelmäßigen Oberflächen berühren und mit ihnen fest aneinander haften. Diese Körnchen kann man oft in Bruchflächen, besonders bei spröden Stoffen, beobachten. Beim Bruch haben sie nämlich die Neigung, in glatten ebenen Flächen zu spalten, die alle eine etwas andere Richtung haben und durch ihr Spiegeln ihre Größe zu erkennen geben. So beurteilt man z. B. bei Gußeisen, ob es grob- oder feinkörnig ist (Abb. 3a u. b). Bei zähen Stoffen, die sich während des Bruchvorgangs stark verformen, sieht man diese spiegelnden Flächen im Bruch nicht, weil sie zu stark verzerrt sind. Ein solcher Bruch sieht vielmehr faserig aus. War aber der gebrochene Teil blank, so erscheinen nach der Verformung die Spuren der einzelnen Körner auf seiner Oberfläche (Abb. 4). Ist das Korn sehr fein, so wird die Oberfläche nur gleichmäßig matt. Ist es aber grob, so kann sie stark narbig werden.

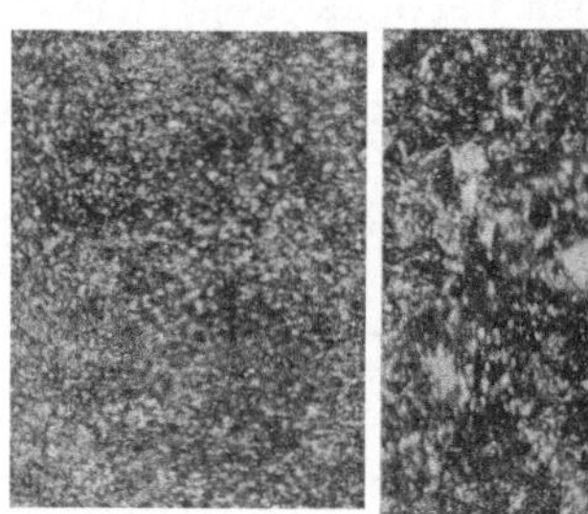

Abb. 3a u. b. V (lineare Vergrößerung) = 3. Bruchflächen von Grauguß. a) feinkörnig, $\sigma_B = 27$; b) grobkörnig, $\sigma_B = 12$.

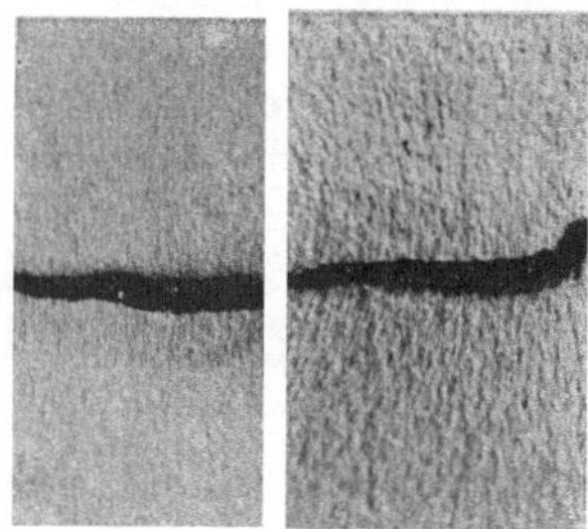

Abb. 4a. Abb. 4b.
Abb. 4a u. b. V = 2. Oberfläche von Zerreißstäben des gleichen Blechs. a) Feinkörnig, $\sigma_F = 28$, $\sigma_B = 38$, $\delta = 28\%$. b) Weniger feinkörnig, $\sigma_F = 24$, $\sigma_B = 36$, $\delta = 29\%$.

Aus kleinen Kristallkörnern bestehen auch fast alle Gesteine. Mit den Metallen, die ja aus dem Schmelzfluß gewonnen werden, sind die Granite und ähnliche Erstarrungsgesteine vergleichbar. In frischen Bruchflächen unterscheidet man an der Farbe leicht die bekannten drei Kornarten: Quarz, Feldspat und Glimmer. Die Körner sind meist so groß, daß man sie mit bloßem Auge gut erkennen kann. Am besten zeigen sie ihre Form und ihre Eigenarten in einer polierten Fläche, wo sie im Querschnitt erscheinen, während eine rauh behauene Fläche die Körner nicht erkennen läßt. Die Metallkörner lassen sich weniger leicht beobachten. Sie sind meist so klein, daß man sie nur mit dem Mikroskop unterscheiden kann. An rauh bearbeiteten, d. h. gedrehten, geschlichteten, geschliffenen Oberflächen zeigen sie sich nicht, auch im allgemeinen nicht auf polierten Oberflächen, da diese meist vollkommen spiegelnd sind. Ätzt man jedoch eine polierte Fläche mit einer geeigneten Flüssigkeit schwach an, so erkennt man im Mikroskop die einzelnen Körner. Ein zur Untersuchung vorbereitetes

Metallstück mit polierter und angeätzter Fläche nennt man kurz einen Schliff (s. Anhang).

Die Erforschung der verschiedenen Kornarten (Gefügearten), die in Metallen vorkommen, die Bedingungen, unter denen sie entstehen und zerfallen, und ihrer besonderen Eigenschaften ist Sache der Metallographie. Wie eine Mauer nicht fester sein kann als die Ziegel, aus denen sie hergestellt ist, so kann ein Metall nicht besser sein als seine Gefügebestandteile. Die Metallographie ist also ein praktisch wichtiger Zweig der Metallkunde.

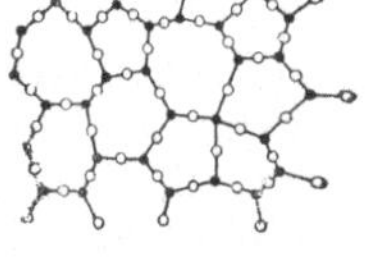

Abb. 5. Atomanordnung in einem Glas (ebenes Schema).

Übrigens sind die Stoffe nicht ausnahmslos kristallisiert. In verhältnismäßig wenigen Stoffen, die, wie Glas, Pech, Harze, Kautschuk, aus zähen Flüssigkeiten allmählich erstarrt sind, haben die Atome oder Moleküle, wie in Flüssigkeiten, eine regellose oder vielmehr weniger regelmäßige Lage als in Kristallen (Abb. 5). Solche Stoffe sind auch nicht aus Körnern zusammengesetzt; sie brechen daher in glatten, meist muscheligen Flächen.

2. Das Gefüge von reinem Eisen. Technisches Eisen ist kein reines Eisen, sondern enthält neben Kohlenstoff (C) noch Mangan (Mn), Silizium (Si), Phosphor (P), Schwefel (S), wenn von legierten Stählen abgesehen wird. Alle diese Bestandteile beeinflussen den Gefügeaufbau in der einen oder anderen Weise. Auch im reinsten Eisen, das für technische Zwecke hergestellt wird, sind noch Spuren dieser Fremdstoffe enthalten. Der Schliff eines solchen Eisens zeigt im Mikroskop die einzelnen Körner im Schnitt; sie heben sich durch ihre unregelmäßig geformten, oft sehr dünnen Grenzlinien voneinander ab. Das zum Sehen im Mikroskop nötige Licht läßt man meist senkrecht auf die Schliffläche fallen, von wo es durch das Mikroskop hindurch ins Auge zurückgespiegelt wird. Bei solcher Beleuchtung erscheinen die Eisenkörner hell, weißlich und ihre Grenzlinien dunkel (Abb. 6). Bei mittleren Verhältnissen wird ein feiner Riß von 10 mm Länge auf dem Schliff 200···500 Körner schneiden. Bei zwanzigfacher Vergrößerung betragen also die mittleren Querabmessungen der Körner im Bild 0,4···1 mm. Dabei ist in der Regel noch nicht viel an Einzelheiten zu erkennen, aber man hat eine gute Übersicht. Für genauere Betrachtung ist im allgemeinen 100fache Vergrößerung geeignet. In Sonderfällen greift man zu stärkeren Vergrößerungen.

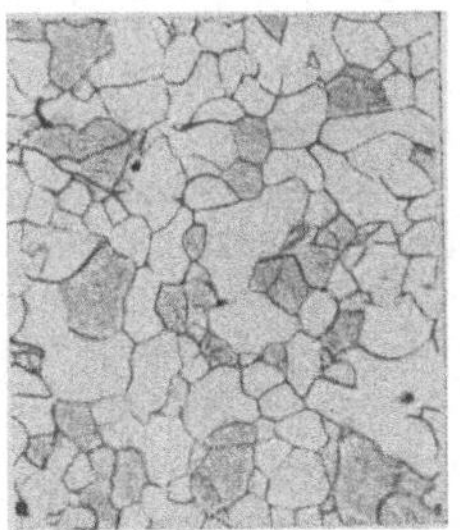

Abb. 6. V = 100. Ferrit. Geschmiedeter Weichstahl. $\sigma_F = 20$, $\sigma_B = 31$, $\delta = 34\,\%$. $\sim 0\,\%$ C. $\varphi = 800\,\mu^2$ (vgl. [3]).

Die Festigkeit des Kornverbandes von reinem Eisen ist verhältnismäßig gering; dagegen kann man ihn im kalten Zustand stark verformen, ehe er reißt. Diese beiden Größen, Festigkeit und Verformungsfähigkeit oder Dehnbarkeit, sind die wichtigsten mechanischen Eigenschaften derjengen Metalle, die als Baustoffe verwendet werden. Man stellt sie meist durch den Zugversuch fest. Dabei klemmt mian in einer Zerreißmaschine einen Stab von kreisförmigem oder rechteckigem Querschnitt an den Enden fest ein und übt eine langsam steigende Zugkraft auf ihn aus, deren Größe an einem Anzeigegerät der Maschine abgelesen werden kann (Abb. 7). Die Höchstlast P in kg, die jedes mm² des Querschnitts f aushält, ehe der Bruch eintritt, nennt man die Zugfestigkeit des Werkstoffs ($\sigma_B = P/f$ kg/mm). Nach dem Zerreißen mißt man an Marken, die man vorher am Stab anbrachte, die Verlängerung einer bestimmten Länge, der

Abb. 7. Zugversuch. Zugspannung $\sigma = P/f$ kg/mm², σ_F = Streckgrenze, σ_B = Zugfestigkeit, $\delta\,\%$ = Bruchdehnung.

sog. Meßlänge. Der im Mittel auf je 100 mm der Meßlänge entfallende Teil der Verlängerung wird als Bruchdehnung des Werkstoffs bezeichnet (δ in %). Für völlig reines geglühtes Eisen findet man $\sigma_B = 18 \cdots 25$ kg/mm² und $\delta = 45 \cdots 40$ %. Die Spannung, bei der der gesamte Stab sich zu strecken beginnt, nennt man Fließ- oder Streckgrenze (σ_F)[1].

Ein Blech aus praktisch reinem, im Großen hergestelltem Eisen zeigte bei der üblichen Korngröße eine Zugfestigkeit von 31 kg/mm²; derselbe Werkstoff — jedenfalls hätte der Chemiker keinen Unterschied festgestellt — hatte bei wesentlich gröberem Korn eine Zugfestigkeit von nur 28 kg/mm². Die Bruchdehnungen betrugen 36 bzw. 33 %. Man kann also nicht ohne weiteres die Festigkeit und Dehnbarkeit von reinem Eisen angeben, da die Werte von der Korngröße abhängen. Das hängt mit den Kristalleigenschaften der Körner zusammen. Ein Kristall hat nämlich in den verschiedenen Richtungen seines Raumgitters eine verschieden große Festigkeit und Dehnbarkeit. Da die Richtungen der Raumgitter verschiedener sich berührender Körner verschieden sind, haben die Körner nicht das Bestreben, sich gemeinsam zu verformen, müssen aber an den Grenzflächen doch eine gemeinsame Verformung durchmachen. Ein in nachgiebigerer Lage befindliches Korn wird dabei von günstiger gerichteten (orientierten) Körnern unterstützt. Daher sind zur Erzeugung einer bestimmten Verformung um so größere Kräfte nötig, je größer die Kornoberfläche in der Raumeinheit, d. h. je feinkörniger der Werkstoff ist.

3. Bestimmung der Korngröße. Zahlenmäßig kann man die Korngröße aus dem Schliffbild sowohl als Mittelwert der Durchmesser einer größeren Anzahl von Körnern bestimmen als auch durch ihre mittlere Querschnittsfläche. Den ersten Wert erhält man, wenn man das mikroskopische Bild auf eine Mattscheibe wirft, die ein Netz aufeinander senkrechter Geraden von der Gesamtlänge L enthält. Werden n Körner von diesem Geradennetz geschnitten, so ist der mittlere Durchmesser in der Projektion gleich L/n. Der wirkliche Durchmesser d ergibt sich hieraus, indem man durch die lineare Vergrößerung V teilt. Es ist also $d = L/nV$. Um nicht zu kleine Zahlen zu erhalten, mißt man L nicht in mm, sondern in $\mu = {}^1/_{1000}$ mm, indem man den in mm bestimmten Wert mit 1000 malnimmt. Häufiger wird als Korngröße die mittlere Kornfläche φ in μ^2 angegeben. Man grenzt zu ihrer Bestimmung eine beliebige Fläche längs der Korngrenzen ab, bestimmt ihre Größe F, am besten durch Auszählen der Quadratmillimeter auf einem als Mattscheibe benutzten durchsichtigen mm-Papier und zählt die Zahl n der in der Fläche F liegenden Körner. Die mittlere Kornfläche des Projektionsbildes ist dann gleich F/n, woraus man die wirkliche mittlere Kornfläche erhält, indem man durch die Flächenvergrößerung V^2 teilt, so daß $\varphi = F/nV^2$. F drückt man in μ^2 aus, indem man den in mm² gemessenen Wert mit $1000^2 = 10^6$ malnimmt.

Man vereinfacht die Flächenmessung, wenn man als Begrenzung von F eine Kreisfläche benutzt. Die innerhalb des Kreises gelegene Zahl n der Körner setzt sich dann zusammen aus der Zahl i der völlig im Kreisinnern befindlichen Körner und einem Teil der vom Kreis geschnittenen Körner, deren Zahl z sei. Eine gerade Flächenbegrenzung würde die Flächen der Randkörner im Mittel halbieren. Der Kreis schneidet sie infolge seiner nach außen gehenden Wölbung so, daß etwas mehr innerhalb als außerhalb liegt. Man rechnet praktisch, daß 60 % der Randkörner in den Kreis fallen, so daß man in die obige Formel einsetzt $n = i + 0{,}6z$. Wegen der unregelmäßigen Form der Körner kann man nicht etwa einen der

[1] Näheres s. Heft 34, Werkstoffprüfung.

Werte d und φ aus dem anderen errechnen. Gehen, wie oben angenommen, im Mittel 200···500 Körner auf 10 mm, so findet man $d = 50 \cdots 20\ \mu$ und ungefähr $\varphi = 2000 \cdots 300\ \mu^2$, also Werte in bequem angebbarer Zahlengröße.

In Abb. 8 sind die Bilder von 5 Stählen mit steigender Korngröße zu einer sog. Gefügerichtreihe zusammengestellt und von 1 bis 5 durchgezählt. Ein Vergleich des zu untersuchenden Bildes mit dieser Reihe zeigt auf den ersten Blick

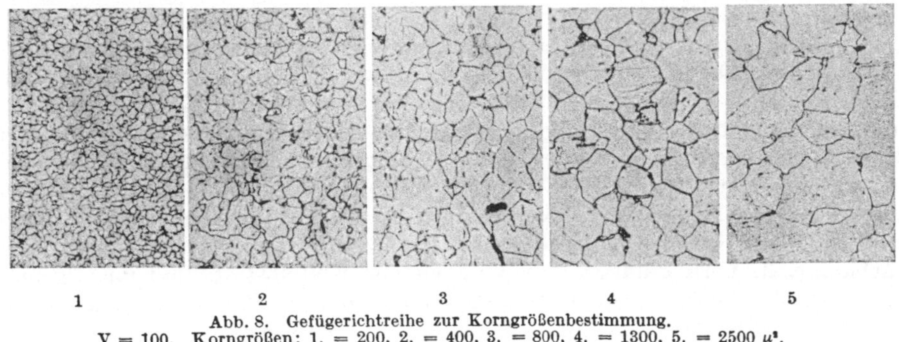

1 2 3 4 5

Abb. 8. Gefügerichtreihe zur Korngrößenbestimmung.
V = 100. Korngrößen: 1. = 200, 2. = 400, 3. = 800, 4. = 1300, 5. = 2500 μ^2.

die Größenordnung des Korns, die man einfach durch die am entsprechenden Reihenbild stehende Zahl kennzeichnet. Solche Gefügerichtreihen leisten auch sonst in der Metallographie gute Dienste [13]. Um brauchbare Mittelwerte zu erhalten, muß man natürlich den Vergleich auf mehrere Stellen des zu untersuchenden Stückes ausdehnen.

4. Das Gefüge von Eisen mit 0,89% Kohlenstoff. Von den erwähnten Fremdbestandteilen, die im Eisen stets vorkommen, übt der Kohlenstoff auf die Gefügeausbildung eine ausschlaggebende Wirkung aus. Um den auch vorhandenen Einfluß der übrigen Bestandteile zunächst auszuschalten, betrachten wir vorderhand **reine** Eisen-Kohlenstoff- (Fe-C-) Legierungen, wenn sie auch praktisch noch weniger vorkommen als reines Eisen. Eine ausgezeichnete Stellung unter diesen Legierungen nimmt hinsichtlich der Gefügeausbildung die Legierung mit 0,89% C ein, d. h. mit einem C-Gehalt, wie er etwa in dem für Drehstähle, Spiralbohrer, Meißel usw. zur Metallbearbeitung vielgebrauchten mittelharten Werkzeugstahl enthalten ist. In Baustählen kommt ein so hoher C-Gehalt selten vor.

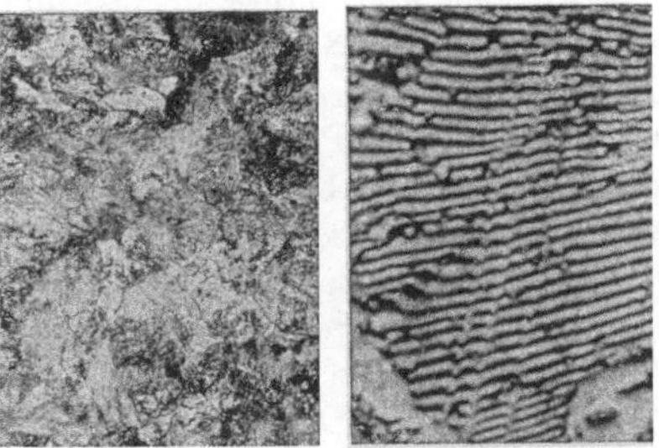

Abb. 9. V = 100. Abb. 10. V = 2000.
Abb. 9. Perlit. Kleine Kurbelwelle. 0,9% C. $\sigma_B = 90$, $\varphi = 1200\ \mu^2$.— Abb. 10. Streifiger Perlit mit Ferrit (hell). Ausschnitt aus Abb. 13.

Bei genauer Betrachtung unter dem Mikroskop zeigt eine solche Legierung ebenfalls körnigen Aufbau; jedoch erscheinen die Körner im Schliff nicht hell, sondern mehr oder weniger bunt: braun, blau, lila. Manche haben hellere, manche dunklere Farben. Infolgedessen treten die Korngrenzen weniger deutlich hervor (Abb. 9), als bei reinem Eisen. Um eine kurze Ausdrucksweise zu haben, bezeichnen wir mit Rücksicht auf den C-Gehalt diese Körner hier kurz als „Stahl"körner. Dieses Korngefüge unterscheidet sich hinsichtlich Festigkeit und Dehnbarkeit stark von dem des reinen Eisens. Seine Zugfestigkeit beträgt ungefähr 70 kg/mm², seine Bruchdehnung etwa 12%. Die Festigkeit ist also fast dreimal so groß wie die von reinem Eisen, während die Bruchdehnung etwa ein Drittel von jener beträgt. Es überrascht zunächst, daß der geringe Unterschied von nur 0,89 % C im chemischen Befund beider Kornarten so große Unterschiede im Verhalten gegenüber mechanischer Beanspruchung bedingt. Das Gefügebild lehrt, daß der geringe C-Gehalt die Bildung völlig andersartiger Kristalle bewirkt.

Betrachtet man die „Stahlkörner“ bei stärkerer Vergrößerung, so erscheinen sie nicht mehr farbig, sondern hell und ziemlich regelmäßig dunkel gestreift, jedes Korn in etwas anderer Richtung, das eine etwas enger, das andere etwas weiter (Abb. 10). Die Streifung deutet auf das regelmäßige Raumgitter der Kristalle hin. Die Streifen erscheinen nur infolge ihrer Schattenwirkung dunkel. Sie ragen nämlich über die ebenfalls helle Grundmasse der Körner etwas hervor und bilden so eine Art von Beugungsgitter, das das Licht in seine Farben zerlegt. Dadurch erscheint das Gefüge bei mäßiger Vergrößerung farbig, ohne selbst farbig zu sein. Das Hervorragen der Streifen über die Grundmasse läßt darauf schließen, daß sie härter sind als diese. Sie bestehen in der Tat aus einer sehr harten chemischen Eisen-Kohlenstoff-Verbindung (Fe_3C), die man Eisenkarbid nennt. Karbide, d. h. Verbindungen von Metallen mit Kohlenstoff, sind im allgemeinen sehr hart. In dieser Hinsicht bekannt sind Kalziumkarbid (Azetylenerzeugung), Siliziumkarbid (Karborundum = Schleifmittel), Wolfram-, Titan- und Kobaltkarbid (Bestandteile der sog. Hartmetalle = Schnellschneidelegierungen). Mit der hohen Härte des Eisenkarbids ist aber eine große Sprödigkeit verbunden. Die Grundmasse der „Stahl“-körner besteht aus reinem Eisen. Diese Körner sind also Eisenkörner mit Eisenkarbideinlagerungen. Die Einlagerungen erhöhen die Festigkeit der Körner, verringern aber ihre Dehnbarkeit. Da Eisenkarbid 6,67 % C, die „Stahl“körner aber stets 0,89 % C enthalten, müssen die Karbideinlagerungen stets etwa 13 % des ganzen Korns einnehmen. Im Schliffbild erscheinen die Einlagerungen infolge der Schattenwirkung meist viel breiter, als sie in Wirklichkeit sind.

5. Metallographische Bezeichnungen der Gefügebestandteile. Die metallographische Wissenschaft hat bei ihren Forschungen eine sehr große Zahl verschiedener Kornarten gefunden, von denen wir bisher nur „Eisen“- und „Stahl“körner kennenlernten. Bei der Beschreibung solcher Forschungen ist es daher unerläßlich, für die Gefügebestandteile kurze Bezeichnungen zu haben, die auch international verständlich sein müssen. So nennt die Metallographie den aus „Eisen“körnern bestehenden, z. B. in reinem Eisen vorkommenden Gefügebestandteil Ferrit (Abb. 6) und den aus „Stahl“körnern bestehenden, den die Fe-C-Legierung mit 0,89 % C bildet, Perlit (Abb. 9 u. 10). Das erste Wort ist von dem lateinischen ferrum = Eisen abgeleitet, das zweite erinnert an das durch Lichtbeugung farbige, perlmutterähnliche Schimmern des Schliffs.

Fast alle metallographischen Bezeichnungen enden mit der Silbe „it“. Sie haben das mit den mineralogischen Namen gemein, die auf dem Gebiete der Gesteinskunde die gleiche Rolle spielen wie die metallographischen Namen in der Metallographie. Die ersten metallographischen Bezeichnungen sind von Mineralogen auf dem Grenzgebiet des Meteoreisens geprägt. Manche Bestandteile, wie z. B. Perlit, erhielten Phantasienamen; manche werden nur durch Buchstaben unterschieden, wie z. B. α-Messing, β-Messing usw., manche enthalten auch zum Gedächtnis verdienstvoller Forscher deren Namen. So heißt z. B. ein in gehärtetem Stahl enthaltener Gefügebestandteil Martensit zu Ehren des deutschen Werkstofforschers A. MARTENS (1850···1914), der zuerst darauf hinwies, daß man das Metallgefüge mit dem Mikroskop untersuchen kann. Zu Ehren eines bekannten englischen Forschers mit Namen SORBY wurde ein in geglühtem Stahl häufig vorkommender, dem Perlit verwandter Bestandteil Sorbit genannt. SORBY war es, der die Bezeichnung Perlit in die Metallographie einführte.

Zur Kennzeichnung ihres besonderen Aufbaus wird die geschilderte Perlitart (Abb. 10) als streifiger (lamellarer) Perlit bezeichnet. Wir werden später noch andere Ausbildungsformen des Perlits kennenlernen. Das im Gefüge vorkommende Eisenkarbid wird in Anlehnung an einen alten Fachausdruck der Stahltechnik als Zementit bezeichnet. Metallographisch ausgedrückt besteht also Perlit aus Ferrit mit Zementiteinlagen.

B. Eisen-Kohlenstoff-Legierungen bis zu einem C-Gehalt von 1,7 %.

6. Unter- und überperlitische Fe-C-Legierungen. Wir bleiben zunächst noch bei den **reinen** Fe-C-Legierungen. Unterperlitisch nennen wir sie, wenn sie weniger als 0,89 % C, überperlitisch, wenn sie mehr als 0,89 % C enthalten. Schmiedbar sind sie im allgemeinen bis zu dem Grenzgehalt von 1,7 % C. Höhere C-Gehalte führen in das Gebiet der Roheisenarten. Die unterperlitischen Stähle entsprechen etwa den Baustählen, die überperlitischen etwa den Werkzeugstählen, ohne daß dazwischen eine scharfe Grenze besteht. Über- und unterperlitische Fe-C-Legierungen bestehen nicht wie reines Eisen und Perlit aus einem einzigen Gefügebestandteil, sondern aus zweien. Sie sind nicht gleichartig (homogen), sondern ungleichartig (heterogen) im Gefüge. Sie enthalten stets Perlit (0,89 % C). In den unterperlitischen Legierungen kommen dazu so viel Ferritkörner (0 % C), wie dem mittleren C-Gehalt der Legierung entspricht (Abb. 11···13), in den überperlitischen eine entsprechende Menge an Zementitkörnern (6,67 % C). Zementit erscheint im Schliffbild bei üblicher Ätzung hell, so daß er Ähnlichkeit mit Ferrit hat. Da er aber sehr hart ist, läßt er sich von einer gehärteten Stahlnadel nicht ritzen, im Gegensatz zu den weichen Ferritkörnern (Abb. 14). Dadurch kann man ihn im Zweifelsfall von Ferrit unterscheiden.

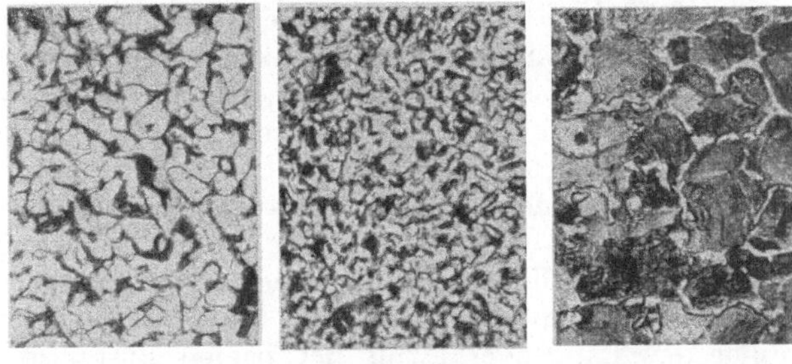

Abb. 11. V = 100. Abb. 12. V = 100. Abb. 13. V = 100.
Abb. 11. Ferrit und Perlit. Gewalzte Rundstange. 0,2 % C. $\sigma_F = 31$, $\sigma_B = 48$, $\delta = 24$ %, $\varphi = 500\ \mu^2$. — Abb. 12. Ferrit und Perlit. Autobusachse. 0,27 % C. $\sigma_F = 42$, $\sigma_B = 55$, $\delta = 22$ %. $\varphi = 250\ \mu^2$. — Abb. 13. Perlit mit Ferritnetz. Geschmiedete Pflugschar. 0,7 % C. $\sigma_F = 46$, $\sigma_B = 88$, $\delta = 12$ %. $\varphi = 4000\ \mu^2$.

In geglühten Fe-C-Legierungen mit mäßigem C-Gehalt haben die Ferrit- und Perlitkörner ungefähr gleiche, rundliche, wenn auch unregelmäßige Form. Je mehr der Perlit überwiegt, desto mehr wird der andere Bestandteil an die Korngrenzen gedrängt und bildet ein Netz um die Körner des Perlits (Abb. 13 u. 14). Ferrit tut dies bei C-Gehalten über etwa 0,5 %. Das Netz wird immer dünner, je mehr der C-Gehalt sich dem perlitischen (0,89 %) nähert. Der Zementit der überperlitischen

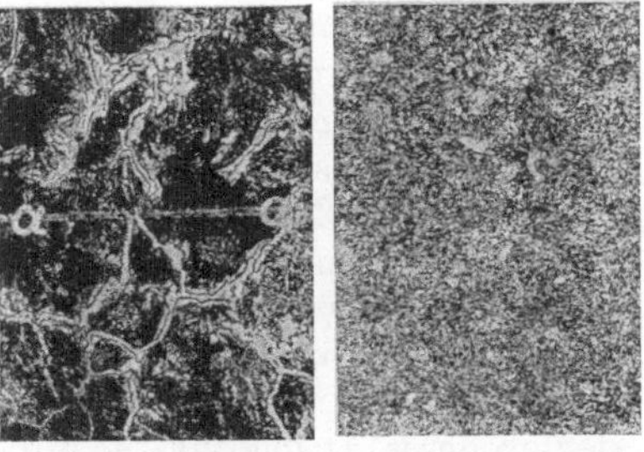

Abb. 14. V = 100. Abb. 15. V = 100.
Abb. 14. Perlit mit Zementitnetz (hell). Stark überkohlte Einsatzschicht. 1,7 % C, a···a Stahlnadelriß. — Abb. 15. Perlit mit Bruchstücken von Zementit (hell). Werkzeugstahl mit 1,2 % C (s. a. Abb. 114).

Legierungen bildet fast immer ein Netzwerk, da er bei seinem hohen C-Gehalt (6,67 %) nur wenig Raum im Gefüge einnimmt; im Höchstfalle nämlich nur 12 %, d. h. etwa ebensoviel wie die Zementiteinlagen im Perlit. Durch nachträgliches Schmieden kann man das Netzwerk zertrümmern (Abb. 15).

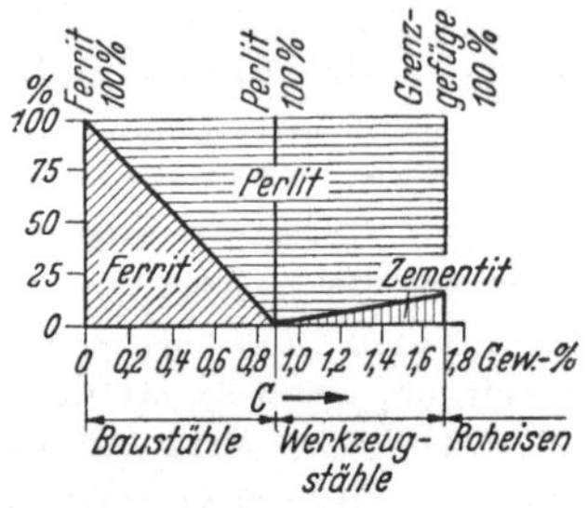

Abb. 16. Übersicht über die Stahlgefüge bis 1,7 % C.

Eine einfache Übersicht über die bisher gewonnenen Ergebnisse erhält man, wenn man die Gefügebestandteile in Prozenten senkrecht über den C-Gehalten aufträgt (Abb. 16). Perlit liegt nahezu mitten zwischen Ferrit und dem Grenzgefüge mit 1,7 % C. Im Perlit sind Ferrit und Zementit am besten gegeneinander ausgewogen. In der Richtung abnehmender C-Gehalte ist freier Ferrit, in der Richtung zunehmender C-Gehalte freier Zementit in wachsender Menge vorhanden. Jenseits des Grenzgefüges mit 1,7 % C (12 % freiem Zementit) treten neue Gefügebestandteile auf.

7. Bestimmung des C-Gehaltes der Fe-C-Legierungen aus dem Schliff. Man denke sich in einem beliebig gelegenen würfelförmigen Raum des Gefüges, dessen Seitenlänge a sei, alle Körner der einen Art zu einer quadratischen Platte von der Dicke a_1 in irgendeiner Kantenrichtung zusammengeschoben, die Körner der anderen Art in der gleichen Richtung zu einer solchen von der Dicke a_2, so daß $a_1 + a_2 = a$ ist. Ist das Gefüge in allen Richtungen gleichartig ausgebildet, so kann man diese Zusammenlegung in jeder der drei Kantenrichtungen des Würfels mit dem gleichen Erfolg machen. In jeder beliebigen Raumrichtung ist daher das Längenverhältnis der beiden Bestandteile gleich a_1/a bzw. a_2/a, das Flächenverhältnis $a_1 a/a^2$ bzw. $a_2 a/a^2$, das Raumverhältnis $a_1 a^2/a^3$ bzw. $a_2 a^2/a^3$, d. h. es sind alle drei untereinander gleich. Die leicht bestimmbaren Längen- oder Flächenverhältnisse der beiden Gefügebestandteile ergeben auch etwa deren Gewichtsverhältnisse, da die spezifischen Gewichte der Gefügearten ungefähr gleich groß sind.

Besitzt in einem Schliff innerhalb einer beliebig abgegrenzten Fläche f der Ferrit den Flächenanteil f_1, der Perlit den Anteil f_2, so ist der gewichtsmäßige Gehalt der Legierung an Ferrit (0 % C) gleich f_1/f, der an Perlit (0,89 % C) gleich f_2/f und der an Kohlenstoff gleich $0{,}89 f_2/f$ %[1]. Sind bei einer überperlitischen Legierung die Flächenanteile von Perlit (0,89 % C) und Zementit (6,67 % C) gleich f_2/f bzw. f_3/f, so ist der gewichtsmäßige C-Gehalt der Legierung $0{,}89 f_2/f + 6{,}67 f_3/f$ %. Bildet ein Bestandteil ein Netzwerk, so wird die Bestimmung weniger genau. Eine Abschätzung des C-Gehalts nach dem oben beschriebenen Verfahren leistet aber auch in diesem Fall manchmal gute Dienste.

8. Die mechanischen Eigenschaften unterperlitischer Legierungen. Bei gewöhnlicher Temperatur entstandene Brüche im Gefüge gehen, von hier zunächst belanglosen Ausnahmen abgesehen, stets mitten durch die Körner hindurch. Man kann darauf aus den kleinen spiegelnden Spaltflächen schließen, die man in feinerer oder gröberer Ausbildung in unverformten Bruchflächen erkennt (sog. kristalliner Bruch [1]); man kann sich aber auch durch Schliffe senkrecht zu solchen Bruchflächen davon überzeugen (Abb. 17a). Im Gegensatz dazu folgen bei sehr hoher Temperatur entstehende Risse den Korngrenzen (Abb. 17b u. 133). Es kann sich also gewöhnlich kein Korn durch vorzeitiges Lösen aus dem Verband der Kraftübertragung entziehen. Freilich werden die einzelnen Körner bei ihrer verschieden

[1] Über den C-Gehalt von Perlit in Stählen vgl. [12].

großen Nachgiebigkeit auch verschieden beansprucht. Näherungsweise kann man aber annehmen, daß zur Zugfestigkeit jeder Gefügeteil so viel beiträgt, wie er allein aushält, d. h. **reiner** Ferrit etwa 25 kg/mm² und **reiner** Perlit etwa 70 kg/mm². Sind nun die Flächenanteile von Ferrit und Perlit in einem Gefüge f_1/f und f_2/f, so wird dessen Zugfestigkeit etwa $25 f_1/f + 70 f_2/f$ betragen. Eine **reine** Fe-C-Legierung mit 0,17 % C, bei der $f_1/f = 0{,}8$ und $f_2/f = 0{,}2$ ist, hat demnach eine Zugfestigkeit von angenähert $0{,}8 \cdot 25 + 0{,}2 \cdot 70 = 20 + 14 = 34$ kg/mm². Den umgekehrten Flächenanteilen $f_1/f = 0{,}2$ und $f_2/f = 0{,}8$ entspricht ein C-Gehalt von 0,71 %[1] und eine Zugfestigkeit $\sigma_B = 5 + 56 = 61$ kg/mm². In einem rechtwinkligen Achsenkreuz, in dem man senkrecht die Werte σ_B, waagerecht die C-Gehalte aufträgt, würden die so berechneten Werte auf einer Geraden liegen. Durch Versuche findet man eine flache Kurve, weil sich die Körner in ihrer Kraftübertragung doch gegenseitig etwas beeinflussen. Die Bruchdehnung nimmt, wie zu erwarten, mit wachsendem Perlitanteil im Gefüge, d. h. mit wachsendem C-Gehalt, ab (Abb. 20).

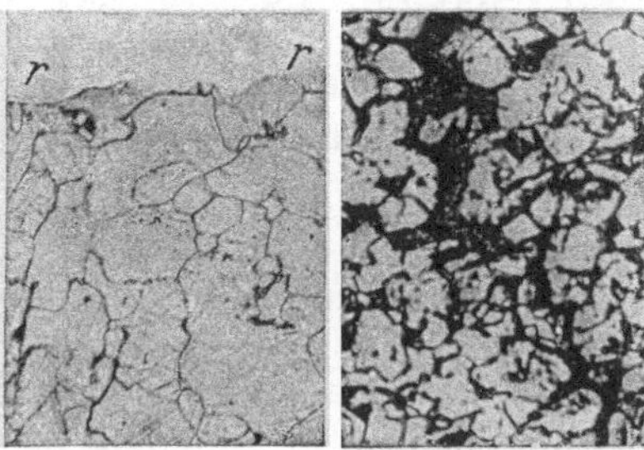

Abb. 17a. Abb. 17b.
Abb. 17a u. b. V = 100. Risse in Kesselblech. a) Kaltriß durch die Körner. r···r Rißkante. b) Heißriß längs der Korngrenzen (schwarz).

Bei metallographischen Untersuchungen hat man häufig nur kleine Metallstücke zur Verfügung, oft zu klein, um Zugversuche machen zu können. Es ist aber im Verlauf der Untersuchungen manchmal wichtig, die Abschätzung von σ_B aus dem Gefüge zu überprüfen. Dazu leistet der Kugeldruckversuch gute Dienste, bei dem eine sehr harte Stahlkugel (D mm Durchmesser) mit einer Kraft P eingedrückt wird, die bei Eisen und Stahl $30 D^2$, also bei $D = 5$ mm 750 kg betragen muß (Abb. 18). Bestimmt man die Oberfläche f des Kugeleindrucks im Prüfstück in mm², so ist die sog. Kugeldruck-(Brinell-) Härte $H = P/f$ kg/mm ². Diese Härte ist bei unterperlitischen Fe-C-Legierungen nahezu proportional der Zugfestigkeit σ_B, und zwar ist $\sigma_B \approx 0{,}36 H^2$. Statt der Kugel benutzt man oft nach VICKERS eine stumpfe Diamantpyramide mit 136° Spitzenwinkel. Man ist dabei weniger auf das Einhalten bestimmter Druckkräfte P angewiesen [s. auch 14].

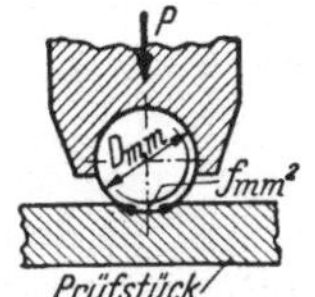

Abb. 18. Kugeldruckversuch. Kugeldruckhärte: $H = P/f$ kg/mm². Kugeleindruck s. Abb. 63.

9. Die mechanischen Eigenschaften überperlitischer Fe-C-Legierungen. Bei diesen Legierungen nimmt das starre Zementitnetz, das meist vorhanden ist, die Hauptkräfte auf. Es geht zu Bruch, ehe der nachgiebigere Perlit zum Tragen kommt. Infolgedessen nimmt die Zugfestigkeit der überperlitischen Legierungen mit wachsendem C-Gehalt wieder ab; vor allem neigt der Stahl zu sprödem Bruch durch dieses Netzwerk. Man sucht es daher nachträglich durch Schmieden oder Walzen zu beseitigen (Abb. 15). Aber auch dann nimmt die Festigkeit nicht über die des Perlits hinaus zu, während die Dehnbarkeit weiter abnimmt.

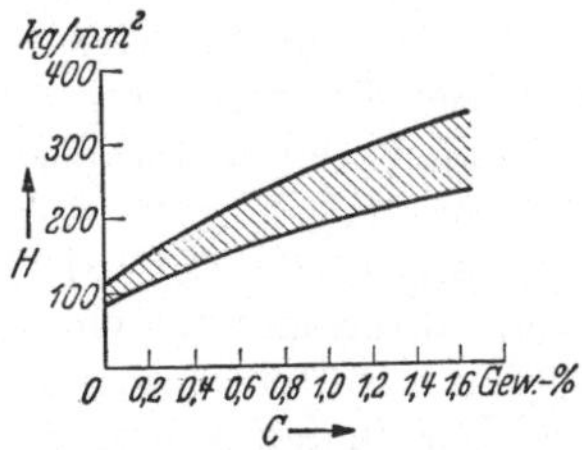

Abb. 19. Kugeldruckhärte von Fe-C-Legierungen in Abhängigkeit vom C-Gehalt.

Bei diesen Legierungen, die praktisch Werkzeugstählen entsprechen, kommt

[1] Über die Festigkeit von Ferrit und Perlit in Stählen vgl. [11].

[2] Näheres s. Heft 34, Werkstoffprüfung.

es im allgemeinen mehr auf die Härte als auf die Festigkeit an. Ihre mechanischen Eigenschaften werden also am besten durch die Kugeldruckhärte gekennzeichnet, die im Gegensatz zu der Zugfestigkeit auch bei überperlitischen Legierungen ansteigt (Abb. 19). Da man aber durch das sog. Abschreckhärten [30] das Gefüge dieser Stähle vor dem praktischen Gebrauch völlig umwandelt, so sind ihre mechanischen Eigenschaften im rohen Zustand — geschmiedet oder gewalzt — weniger wichtig als bei den unterperlitischen Legierungen.

C. Unlegierte und legierte Stähle.

10. Die Beeinflussung des Fe-C-Gefüges durch sonstige Bestandteile. Stähle sind nach heutigem Sprachgebrauch Eisenlegierungen, die schmiedbar sind. Kohlenstoffstähle sind solche Legierungen, bei denen die Eigenschaften hauptsächlich durch den C-Gehalt beeinflußt werden. Von den bisher besprochenen **reinen** Fe-C-Legierungen unterscheiden sie sich dadurch, daß sie in geringen Mengen noch andere Fremdbestandteile als C enthalten [2], die bei den üblichen Herstellungsverfahren im Stahl verbleiben. Man nennt die C-Stähle auch unlegierte Stähle, weil man zu ihnen nicht absichtlich bestimmte Zusätze machte. Zum Unterschied von ihnen sind legierte Stähle solche, zu denen in geringerer oder größerer Menge Zusätze gemacht wurden, um ihre Eigenschaften, seien es mechanische, elektrische, magnetische, chemische oder andere, in bestimmter Weise zu beeinflussen. Da demnach zwischen den unlegierten und den legierten Stählen hinsichtlich des Vorhandenseins von Nebenbestandteilen kein grundsätzlicher Unterschied besteht, so sind die Grenzen zwischen ihnen nicht immer scharf zu ziehen. Bei allen Stählen unterscheidet man mit Rücksicht auf den Verwendungszweck zwischen Baustählen und Werkzeugstählen. Unter den legierten Stählen kommen hierzu noch die Sonderstähle, bei denen durch die Legierung besondere Eigenschaften, wie Rostfreiheit, bestimmte Wärmedehnung usw., erzielt werden[1].

Außer den ständigen Stahlbegleitern Mn, Si, P, S [2] sind in unlegiertem Stahl manchmal noch Spuren anderer Beimengungen, wie Aluminium, Nickel, Kupfer, Arsen, Kobalt, chemisch nachweisbar, praktisch in der Regel aber ohne Bedeutung. Dagegen können bei der Herstellung Gase in den Werkstoff eingedrungen sein, wie Kohlenoxyd (CO), Kohlendioxyd (CO_2), Sauerstoff (O_2) und Stickstoff (N_2).

Als Zusätze zu legierten Stählen sind neben Mn und Si für Baustähle hauptsächlich Nickel (Ni), Chrom (Cr), Molybdän (Mo) und Kupfer (Cu) wichtig, für Werkzeug- und Sonderstähle außerdem noch Wolfram (W), Vanadium (V), Kobalt (Co) und andere.

So verschiedenartig diese Beimengungen auch sind, so kann man ihren Einfluß auf die Gefügebildung doch verhältnismäßig leicht übersehen. Sie können nämlich entweder atomweise im Raumgitter des Ferrits eingelagert sein, d. h. mit diesem Mischkristalle bilden, oder sich durch chemische Bindung oder Einlagerung an der Karbidbildung beteiligen oder endlich auch sich mit dem Eisen oder untereinander chemisch verbinden und besondere Gefügebestandteile bilden. Im letzteren Falle ist ihre Anwesenheit im Schliffbild unmittelbar nachweisbar, in den beiden ersten Fällen nicht. Übrigens kann ein und derselbe Bestandteil in mehreren der drei Arten auf die Gefügebildung einwirken.

11. Beimengungen im Ferrit. In geringen Mengen sind fast alle vorhandenen Legierungsbestandteile im Ferrit enthalten, einschließlich des Kohlenstoffs. Ihre Atome ersetzen im Raumgitter des Ferrits entweder Fe-Atome oder lagern sich

[1] Näheres s. Heft 75, Die Baustähle; Heft 50, Die Werkzeugstähle.

an gewissen Stellen dazwischen. Die in einem solchen Mischkristall enthaltenen Mengen der Nebenbestandteile sind bis zu einer gewissen Grenze beliebig. Reinen Ferrit bezeichnet man aus später [25] zu erörternden Gründen auch als α-Eisen; entsprechend nennt man die Mischkristalle des Ferrits α-Mischkristalle. Das Aussehen des Ferrits im Mikroskop ändert sich durch die Mischkristallbildung nicht; man kann also metallographisch die Anwesenheit der Fremdbestandteile nicht feststellen. Ihre Höchstmengen bei gewöhnlicher Temperatur können sehr verschieden sein. Man findet z. B. angegeben für C 0,006%; N_2 0,015%; S 0,025%; O_2 0,05%; Cu 0,25%; P 1,2%; W 8%; Mo 9%; Mn 12%; Si 17%; Ni 25% usw. Befinden sich mehrere Bestandteile im Ferrit, so beeinflussen sie sich gegenseitig, ersetzen sich oder bilden chemische Verbindungen miteinander.

Mischkristalle haben fast ohne Ausnahme höhere Zugfestigkeit und Härte, aber geringere Dehnbarkeit als reines α-Eisen. Verschiedene Zusatzstoffe wirken in dieser Hinsicht verschieden stark. Schon sehr geringe Mengen können unter Umständen große Wirkungen hervorrufen. Je mehr der Zusatz im Raumgitter stört, d. h. je wesensfremder er dem Eisen ist, desto größer ist im allgemeinen die Härtesteigerung und die Verminderung der Dehnbarkeit. Bei gewöhnlichem C-Stahl hat der Ferrit eine mittlere Zugfestigkeit von 30 kg/mm², der Perlit eine solche von 100 kg/mm². Setzt man diese Werte in die Formeln für die Zugfestigkeit ein [8], so erhält man brauchbare Werte für die Zugfestigkeit, falls es sich nicht um **reine** Fe-C-Legierungen, sondern um **technische** C-Stähle handelt. Die Darstellung von σ_B und δ in Abhängigkeit vom C-Gehalt nach Versuchsergebnissen liefert keine Kurve, sondern einen Bereich, innerhalb dessen die σ_B- und δ-Werte infolge etwas verschiedener Beimengungen, verschiedener Korngröße und anderer Gefügeeinflüsse verschiedene Lage haben können (Abb. 20). Die für **reine** Fe-C-Legierungen gültigen Kurven bilden bei der Zugfestigkeit die untere, bei der Dehnbarkeit die obere Begrenzung dieser Bereiche.

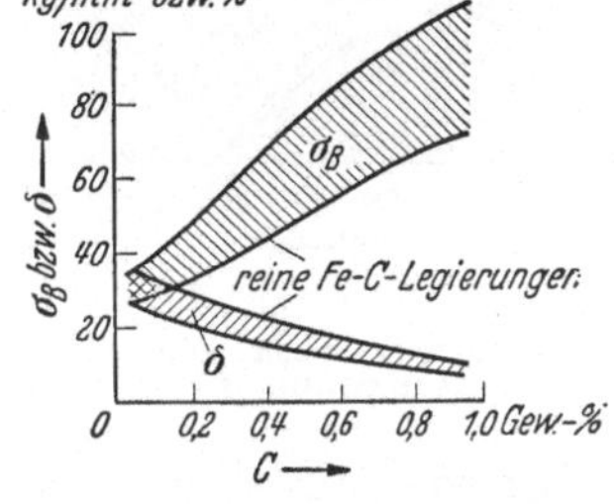

Abb. 20. Zugfestigkeit σ_B und Bruchdehnung e von Fe-C-Legierungen in Abhängigkeit vom C-Gehalt.

Die Gesamtwirkung der Änderung der mechanischen Eigenschaften durch Legierungszusätze kann man durch Kerbschlagversuche oft sehr deutlich machen. Man legt dabei einen in der Mitte eingekerbten Stab von meist quadratischem Querschnitt an den beiden Enden fest auf und läßt ein Gewicht so auf die Stabmitte herunterfallen, daß die Kerbe aufreißt (Abb. 21). Der durch das Gewicht erzeugte Schlag oder Stoß ist um so größer, je schwerer das Gewicht ist und je höher es herunterfällt. Er wird also durch die Fallarbeit des Gewichts gemessen. Diese in mkg ausgedrückte, meist durch einen Pendelhammer in bestimmter Weise ermittelte Schlagarbeit, geteilt durch die Zahl der cm² des durchschlagenen Querschnitts, bezeichnet man als Kerbschlagzähigkeit a. P verringert die Kerbschlagzähigkeit des Mischkristalls sehr stark, Ni wenig, Mn erhöht sie eher noch etwas (Abb. 22)[1].

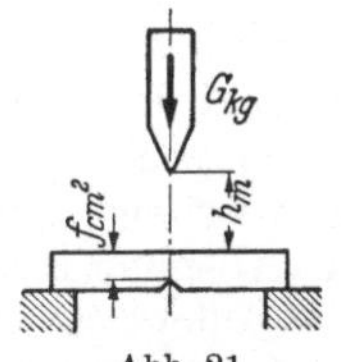

Abb. 21. Kerbschlagversuch. Kerbschlagzähigkeit $a = Gh/f$ mkg/cm².

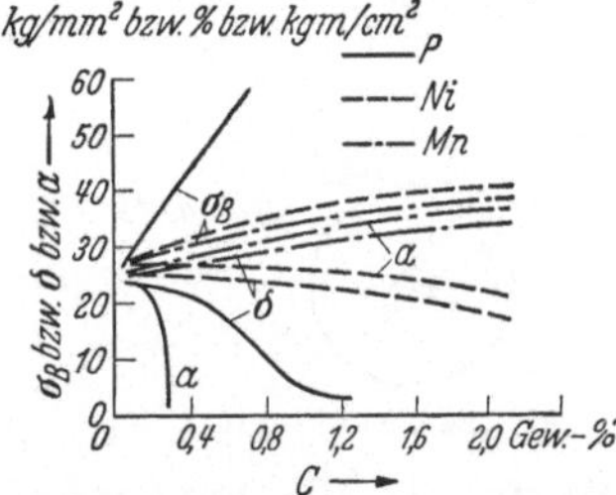

Abb. 22. σ_B, δ und a von Stahl in Abhängigkeit von Legierungszusätzen (vgl. Abb. 7 u. 21). P = Phosphor, Ni = Nickel, Mn = Mangan.

[1] Näheres s. Heft 34, Werkstoffprüfung.

12. Karbidbildende Bestandteile. Der C-Gehalt legierter Stähle. Als zweite Art des Eingehens von Legierungsbestandteilen in das Stahlgefüge lernten wir die Beteiligung an der Karbidbildung kennen. Solche Bestandteile sind also im Zementit [5] enthalten. Es handelt sich dabei hauptsächlich um Mn, Cr, W, Mo. Sie sind im Schliff ebensowenig sichtbar wie die im α-Mischkristall enthaltenen Zusätze. Da sie den C-Gehalt des Zementits verringern, ist in allen Gefügebestandteilen, die Zementit enthalten, also auch im Perlit, weniger C enthalten als bei **reinen** Fe-C-Legierungen. In ganz ähnlicher Weise wirken die im Ferrit gelösten Bestandteile auf Vermehrung des Ferrits im Perlit, d. h. auf Verminderung des C hin. Infolgedessen haben gewöhnliche C-Stähle im Perlit etwa 0,8 %, die üblichen Cr-Ni-Baustähle für Einsatz und Vergütung nur etwa 0,65 ··· 0,7 % C. Die Abhängigkeit des C-Gehaltes im Perlit und im Grenzgefüge von der Menge der Legierungsbestandteile kann man in einem Achsenkreuz darstellen, in dem man waagerecht den C-Gehalt, senkrecht den des anderen Bestandteils, z. B. Mn, Cr, W, aufträgt (Abb. 23). Man erhält dann Kurven, die nach dem geringeren C-Gehalt hin geneigt sind und die Gebiete der unter- und überperlitischen Stähle begrenzen, während wir bei **reinen** Fe-C-Legierungen auf der C-Achse senkrechte Trennlinien feststellten (Abb. 16). Hier wie dort werden durch diese Kurven wenigstens in großen Zügen die Gebiete der Baustähle, Werkzeugstähle und Roheisenarten voneinander getrennt. An den Grenzen überschneiden sich freilich die verschiedenen Verwendungsarten. Vor allem greifen die in der Mitte befindlichen Werkzeugstähle nach beiden Seiten über.

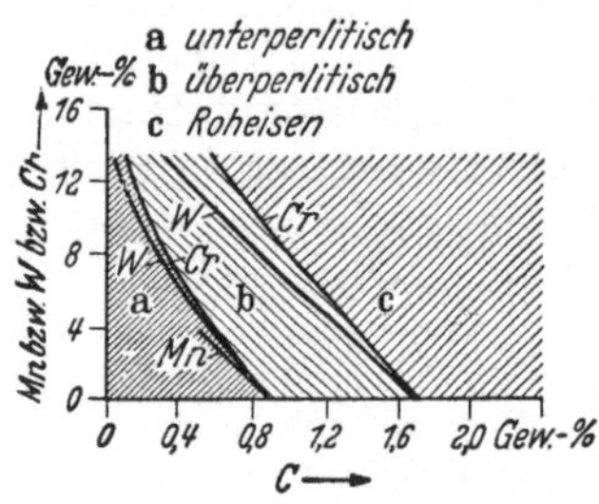

Abb. 23. Übersicht über die Gefüge legierter Stähle. Mn = Mangan, W = Wolfram, Cr = Chrom.

Möchte man den C-Gehalt eines der Zusammensetzung nach unbekannten Stahls aus dem Schliff bestimmen, so geht das nicht ohne weiteres, da man den Einfluß der Zusätze auf den C-Gehalt der Gefügearten nicht kennt. Man stellt in solchem Falle den C-Gehalt zunächst zweckmäßig durch die sog. Funkenprobe fest, indem man die Schleiffunken des Prüfstücks mit denen eines Stahlstücks von bekanntem C-Gehalt vergleicht (Abb. 24). Je mehr C der Stahl enthält, desto verästelter sind die Funken. Sodann ermittelt man den C-Gehalt aus dem Schliffbild so, als ob es sich um gewöhnlichen C-Stahl handelt, d. h. indem man für den Perlit 0,8 % C rechnet. Stimmen beide Ergebnisse einigermaßen überein, so handelt es sich um gewöhnlichen C-Stahl. Ergibt aber die C-Abschätzung aus dem Schliff deutlich größere Werte als die Funkenprobe, so liegt der Verdacht nahe, daß es sich um den Einfluß von Legierungsbestandteilen handelt. Schließlich prüft man das Ergebnis zweckmäßig noch durch einen Kugeldruckversuch, aus dem man die Zugfestigkeit des Prüfstücks mit dem Umrechnungsbeiwert 0,36 bestimmt. Liegt der gefundene Wert erheblich oberhalb des Wertes, den man nach der Funkenprobe für unlegierten C-Stahl zu erwarten hätte, so hat man es sicher mit einem legierten Stahl zu tun oder wenigstens mit besonderen Wirkungen von Legierungsbestandteilen. Manchmal ist es für die metallographische Untersuchung förderlich, die Legierungsbestandteile, wenn auch nicht der Menge, so doch der Art nach zu kennen. Zu diesem Zweck kann man statt einer genauen, aber umständlichen chemischen Analyse gewisse Kurzverfahren anwenden, auf die hier nicht näher eingegangen werden kann. Vielfach führt schon eine einfache

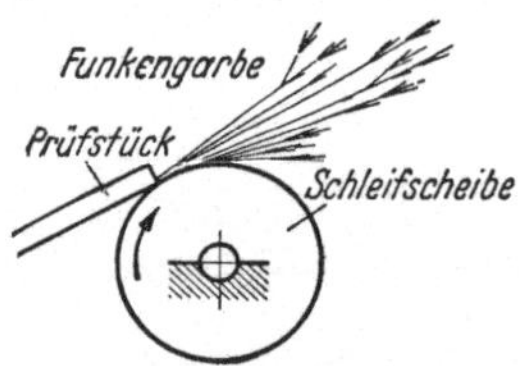

Abb. 24. Funkenprobe.

Untersuchung auf Ni, Cr oder Mo zu dem Erfolg, daß man den Stahl als einen der viel verwendeten, genormten legierten Einsatz- oder Vergütungsstähle erkennt.

13. Beimengungen in besonderen Gefügebestandteilen. Im Ferrit findet man häufig kleine rundliche, dunklere Einschlüsse. Sie bestehen in Mn- und Si-armen Stählen meist aus Eisenoxydul (FeO), also aus einer chemischen Verbindung desjenigen Sauerstoffs, der im α-Mischkristall keinen Platz mehr findet (Abb. 25).

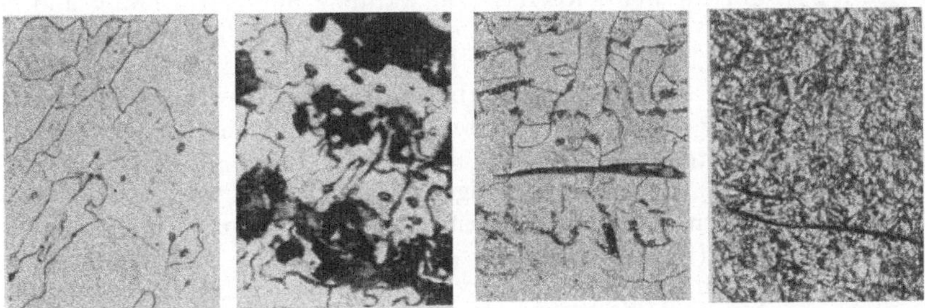

Abb. 25. V = 100. Abb. 26. V = 100. Abb. 27. V = 100. Abb. 28. V = 100.

Abb. 25. Oxydeinschlüsse im Ferrit. Flußstahlplatine. $\sigma_F = 22$, $\sigma_B = 29$, $\delta = 32\,\%$, $\varphi = 9000\,\mu^2$.
Abb. 26. Sulfideinschlüsse im Ferrit. Stahlguß. $\sigma_B = 55$, $a = 1$ mkg/cm². Bäumchengefüge (vgl. Abb. 111).
Abb. 27. Sulfideinschlüsse, ausgewalzt. Behälterblech. 0,13 % C. $\sigma_F = 25$, $\sigma_B = 35$, $\delta = 19\,\%$. $\varphi = 2500\,\mu^2$.
Abb. 28. Einschlüsse wie in Abb. 27. Achsschenkel, vergütet. Durch Dauerbruch zerstört.

Ist das Eisen genügend Mn-haltig, so geht der Sauerstoff auch mit Mn eine chemische Verbindung ein und bildet Manganoxydul (MnO). FeO und MnO setzen sich zu einem Mischkristall zusammen, der im Schliff eine graue Farbe hat. Rötlich scheinende kleine Einschlüsse im Ferrit bestehen aus Schwefeleisen (FeS); in ihnen hat sich der überschüssige Schwefel angesiedelt. Auch mit Mangan bildet er eine ähnliche Verbindung — Schwefelmangan (MnS) —, dessen kleine rundliche oder auch lang ausgewalzte Kristalle im Schliff blaugrau aussehen (Abb. 26···28).

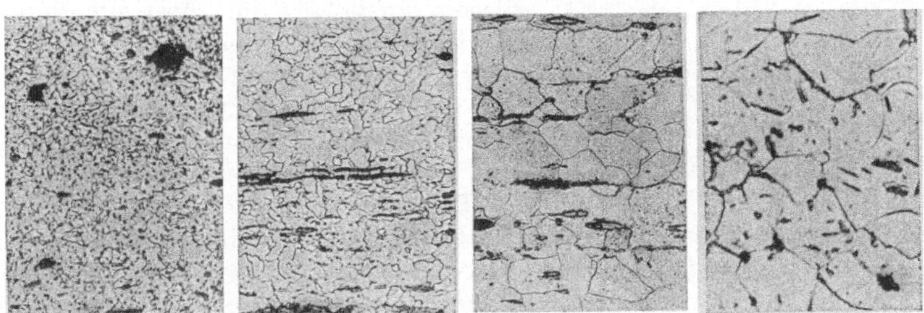

Abb. 29a. V = 100. Abb. 29b. V = 100. Abb. 30. V = 100. Abb. 31. V = 100.

Abb. 29. Schweißeisen mit Schlackeneinschlüssen. $\sigma_F = 25$, $\sigma_B = 37$, $\delta = 19\,\%$. a) quer, b) längs.
Abb. 30. Schlacken in Automatenstahl, S- und P-haltig. $\sigma_F = 53$, $\sigma_B = 61$, $\delta = 13\,\%$.
Abb. 31. Nitridnadeln in Thomasstahl, Nähe einer Schweißung. $\sigma_F = 28$, $\sigma_B = 40$, $\delta = 26\,\%$.

Unter ihnen befinden sich auch FeS-MnS-Mischkristalle. Zur sicheren Unterscheidung solcher Einschlüsse hat man besondere Ätzverfahren. Man findet dabei noch andere, von der Herstellung im Stahl zurückgebliebene Stoffteilchen: Kalk, Silikate von Eisen und Mangan, Tonerde, Quarzsand usw.

Art, Größe und Menge der Einschlüsse, die für das praktische Verhalten des Stahls sehr wichtig sind, lassen sich am besten durch Vergleich mit zweckmäßig aufgestellten Gefügerichtreihen [3] bestimmen. Art und Form der Einschlüsse werden durch die Nummer der Reihe, Größe und Menge durch die Nummer des entsprechenden Reihenbildes gekennzeichnet. Praktische Erfahrung muß entscheiden, welche Kennzahlen für den vorliegenden Verwendungszweck zulässig sind. Durch solche Gefügerichtreihen, die man für vielerlei Gefügebildungen aufstellen kann, ist es möglich, verwickelte Gefügeeigenschaften durch einfache Kennzahlen zu erfassen. Allgemeiner Gebrauch dieser Zahlen setzt allerdings allgemeine Anerkennung bestimmter Richtreihen voraus[1].

Besonders groß und zahlreich sind die Einschlüsse (Schlacken) in Schweißstahl (Abb. 29), der im Puddelofen schon während der Entkohlung und der Entfernung der übrigen Roheisenzusätze erstarrt. Absichtlich erzeugte S- und P-Schlacke enthält sog. Automatenstahl (Abb. 30), der kurze, brüchige Drehspäne bildet. Solche Stähle schmieren nicht, besonders beim Gewindeschneiden. Häufig findet man im Gefüge schwach erhitzten Thomasstahls nadelige Ausscheidungen (Abb. 31). Sie enthalten den im α-Mischkristall nicht mehr löslichen Stickstoff (N) als Eisennitrid (Fe_4N). Mit N übersättigter Ferrit ist hart und spröde. Schließlich sind auch die manchmal in den Körnern vorkommenden und mit Gasen gefüllten kleinen Hohlräume (Mikrolunker = Kleinlunker) als Gefügebestandteile zu werten (Abb. 32). Im geschmiedeten oder gewalzten Stahl sind sie meist durch den Druck geschlossen und verschweißt.

14. Austenit und Martensit. Legiert man zu Eisen mehr als 30% Ni, so erhält man einen bisher nicht besprochenen Gefügebestandteil, der in der Färbung dem Ferrit ähnlich ist, dessen Körner aber im Schnitt weniger rundlich begrenzt erscheinen, sondern mehr oder weniger geradlinig begrenzte Vielecke (Polyeder) bilden (Abb. 32). Metallographisch bezeichnet man diesen Bestandteil als Austenit. In den Körnern fallen einzelne parallel begrenzte Streifen auf. Sie verlaufen in bestimmten Richtungen des Raumgitters und kommen durch Knicke in diesem zustande, die ihrerseits durch eine gewisse Formänderung des Kristalls, die sog. mechanische Zwillingsbildung, erzeugt werden. Die Zwillingsbildung besteht im symmetrischen Umklappen des Raumgitters um bestimmte Ebenen (Abb. 34).

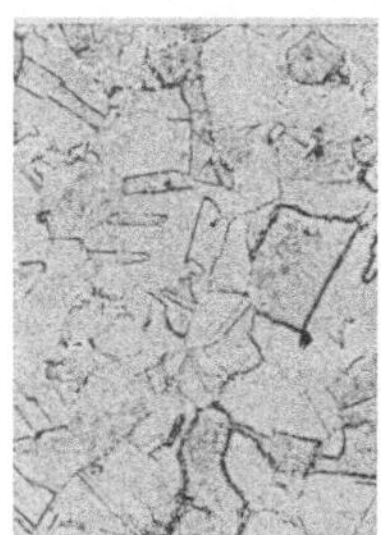

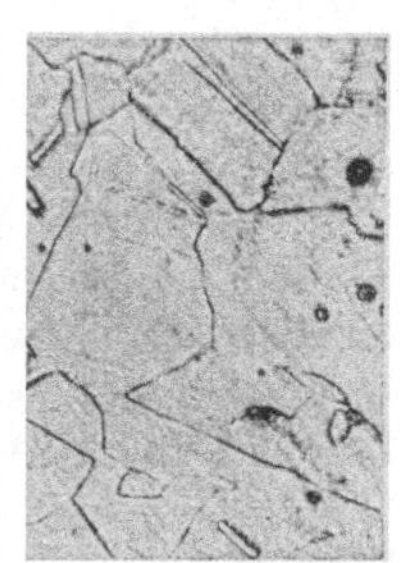

Abb. 32. V = 100. Abb. 33. V = 100.
Abb. 32. Austenit mit Zwillingsstreifen. Invar mit 64% Fe, 36% Ni (geringste Wärmedehnung). Ätzung: Amm. Persulfat, elektrolytisch. Links kleine Gußlunker. — Abb. 33. Austenit. Manganhartstahl, geschmiedet (hochverschleißfest, unmagnetisch). $\sigma_B = 110$, $\delta = 65\%$. Ätzung: Pikrinsäure + HCl.

Bei der Untersuchung mit Hilfe von Röntgenstrahlen hat sich gezeigt, daß in dem Raumgitter der Austenitkörner die Fe-Atome eine etwas andere Lage gegeneinander haben als in dem der Ferritkörner. In beiden liegen die Atome in den Ecken kleiner würfelförmiger Zellen (Abb. 1). In den Ferritzellen wird außerdem noch die Mitte des Zellenraums von einem Atom eingenommen; in den Austenitzellen dagegen ist die Mitte jeder Würfelfläche mit einem Atom besetzt. Man nennt das erste ein raumzentriertes würfeliges Raumgitter, das letztere ein flächenzentriertes würfeliges Raumgitter (Abb. 35). Diese Raumgitter werden auch von reinem Eisen gebildet. Das erste kennen wir schon unter dem Namen α-Eisen. Das zweite hat man als γ-Eisen bezeichnet; man kann es aber im reinen Eisen nur bei Temperaturen über 906° feststellen. Beim Durchgang durch diese Temperatur wandelt sich das eine Raumgitter in das andere um.

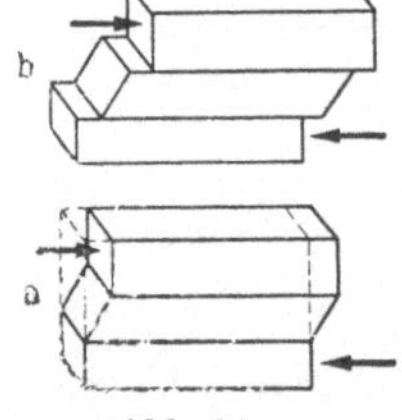

Abb. 34. Zwillingbildung (*a*) und Gleitung (*b*) bei Kristallverformung. Gestrichelt: Ursprüngliche Form.

Bei gewöhnlicher Temperatur kommt Austenit nur in hochlegierten Stählen

[1] Vgl. Diergarten, Gefügerichtreihen, Berlin: VDI-Verlag.

vor, er besteht dann aus γ-**Mischkristallen**. Zu diesen Stählen gehören z. B. Manganhartstahl mit rund 1,2% C und 12···14% Mn (Abb. 33), unmagnetischer Nickelstahl mit etwa 25% Ni bei 0,2···0,5% C (vgl. Abb. 32) und nichtrostende Stähle mit etwa 8% Ni und 18% Cr neben 0,15% C (vgl. Abb. 86). Die C-haltigen γ-Mischkristalle sind stets unmagnetisch, wie ja auch unlegierter Stahl bei hohen Temperaturen unmagnetisch ist. Diese Eigenschaft des Austenits kann man mit einer empfindlich aufgehängten Magnetnadel sehr genau prüfen. Dadurch kann man im Zweifelsfall den metallographischen Befund sichern. C-freie Fe-Ni-Legierungen mit austenitischem Gefüge (z. B. Invar, Abb. 32) sind allerdings magnetisch. Die Zugfestigkeit der Austenitmischkristalle ist sehr groß (60···110 kg/mm²), dabei ist auch die Bruchdehnung größer als bei irgendeinem anderen Eisengefüge (40···70%). Bei hinreichendem Gehalt an C und karbidbildenden Bestandteilen können im Austenitgefüge auch Karbide eingelagert sein, z. B. bei den mit Cr hochlegierten rostfreien Stählen (Abb. 86).

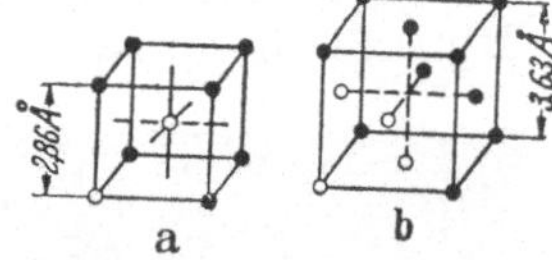

Abb. 35. Raum- und flächenzentriertes kubisches Gitter. a) α-Eisen. b) γ-Eisen. Hell: Zur gezeichneten Zelle gehörige Atome. Dunkel: Zu den Nachbarzellen gehörige Atome.

In gehärteten, d. h. aus dem Glühzustand in Wasser oder Öl abgeschreckten Stählen, z. B. Werkzeugstählen, findet man ein nadeliges, leicht kenntliches Gefüge, das in der Metallographie **Martensit** genannt wird (Abb. 36). Es ist sehr hart und spröde, wenn es auch in dieser Hinsicht nicht an Eisenkarbid heranreicht (Abb. 14). Die Härte dieses Gefüges kann man nicht mit der Stahlkugel feststellen, da diese etwas platt gedrückt würde. Man benutzt statt dessen meist einen bestimmt zugeschliffenen Diamantkegel, der mit einer festgesetzten Druckkraft in das Gefüge eingedrückt wird (Abb. 37). Die Härte bestimmt man in willkürlich festgelegter Weise aus der Eindrucktiefe. Man nennt diesen Wert die **Rockwellhärte**. Martensit hat je nach seiner Ausbildungsform Rockwellhärten von 62···70[1]. Statt der Rockwellhärte wird häufig die **Vickershärte** bestimmt [8].

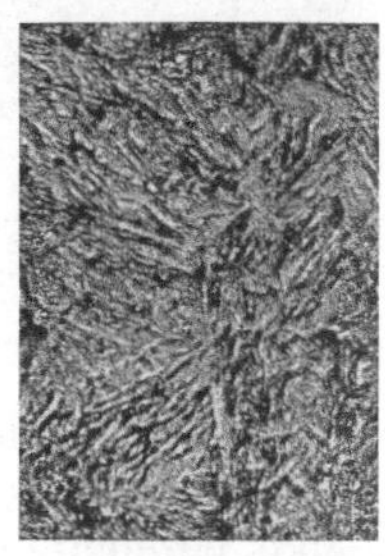
Abb. 36. V = 500. Martensit. Stahl mit 0,45% C, überhitzt gehärtet. Rockwellhärte 54.

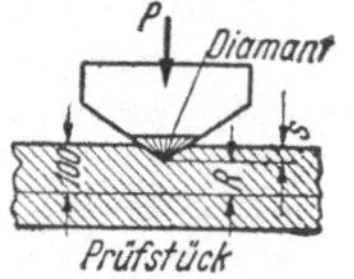

Abb. 37. Rockwellhärteprüfung. P wird von 10 auf 150 kg gesteigert. s = dabei erreichte Eindringtiefe in Skalenteilen der Meßuhr. Rockwellhärte R = 100 — s.

D. Roheisen. Gußeisen. Temperguß[2].

15. Fe-C-Legierungen mit 4,3% C. Unter den reinen Fe-C-Legierungen oberhalb des Grenzgefüges mit 1,7% C spielt die Legierung mit 4,3% C eine besondere Rolle. Man nennt sie metallographisch nach dem verdienstvollen deutschen Hüttenmann A. LEDEBUR (1837···1906) **Ledeburit**. Sie besteht aus einer hellen Grundmasse mit dunkleren Einlagerungen, die im Querschnitt als Striche und Punkte, zuweilen auch in verwickelteren Formen erscheinen (Abb. 38). Die regelmäßige Anordnung der Einlagerungen ist natürlich durch das regelmäßige Raumgitter der Grundmasse bedingt, die aus Eisenkarbid (Zementit) besteht. Das Gefüge der Einlagerungen enthält 1,7% C und stimmt mit dem uns bekannten Grenzgefüge aus Perlit und Zementit (Abb. 14) überein. Infolge seines Aufbaues ist Ledeburit ein sehr harter und spröder Gefügebestandteil. In seiner Bauweise ist er dem Perlit vergleichbar,

[1] Näheres s. Heft 34, Werkstoffprüfung.
[2] Siehe auch die Hefte 19, Gußeisen; 30, Einwandfreier Formguß; 24, Stahl- und Temperguß.

insofern jedes Korn aus zwei der Menge nach genau bestimmten Bestandteilen in regelmäßiger, mit dem Gitterbau zusammenhängender Weise zusammengefügt ist. Beim Perlit ist die Grundmasse so weich wie möglich, aus Ferrit bestehend; beim Ledeburit dagegen besteht sie aus dem härtesten Eisengefüge, aus Zementit. Beim Perlit enthält sie gar keinen, beim Ledeburit die höchstmögliche Menge an C, nämlich 6,67 %. Im Perlit bestehen die Einlagen aus dem harten Zementit, im Ledeburit aus dem weicheren Grenzgefüge mit 1,7 % C. Man nennt solche Gefügearten **eutektisch** (gut schmelzend). Insbesondere nennt man Ledeburit, der unmittelbar aus dem Schmelzfluß entsteht, ein **Eutektikum**. Perlit, der sich durch Umwandlung im festen Zustand bildet, nennt man ein **Eutektoid**. Die nähere Bedeutung dieser Bezeichnungen lernen wir später kennen [23].

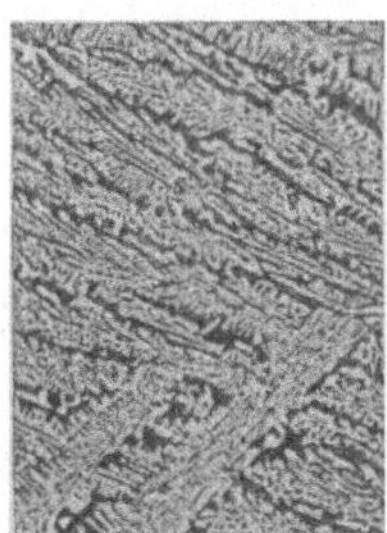

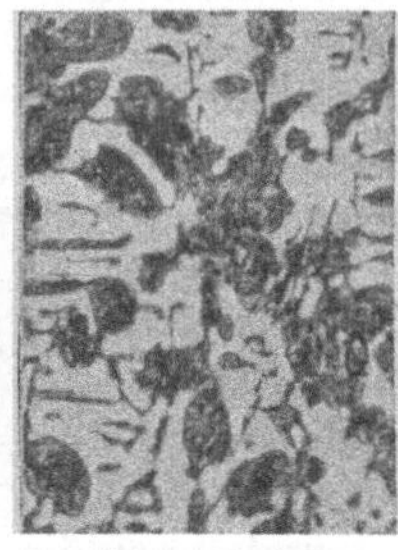

Abb. 38. V = 100. Abb. 39. V = 100.
Abb. 38. Ledeburit. Weißes Martin-Roheisen, eutektisch. 4,2 % C; 2,5 % Mn —.
Abb. 39. Grenzgefüge (dunkel) mit Ledeburit (hell mit Zeichnung). Temperroheisen, untereutektisch. Bäumchengefüge. 3,3 % C; 0,5 % Si.

16. Unter- und übereutektische Fe-C-Legierungen. Weißes Roheisen. Hartguß. Haben Fe-C-Legierungen weniger bzw. mehr als 4,3 % C, so enthalten sie neben Ledeburit so viel von dem Grenzgefüge mit 1,7 % C (Abb. 39) bzw. so viel freie Zementitkörner mit 6,67 % C, wie dem jeweiligen Gesamtkohlenstoffgehalt entspricht. Man bezeichnet diese Legierungen als **unter- bzw. übereutektisch**. Praktisch findet man diese Anordnung der Legierungsbestandteile im **weißen Roheisen** und in der Außenhaut von **Hartguß**, die beide im Bruch die silberweiße Farbe des Zementits zeigen und als sehr hart bekannt sind. Dies sind aber keine reinen Fe-C-Legierungen. Sie haben vielmehr regelmäßig einen noch größeren Gehalt an Nebenbestandteilen als die Stähle, d. h. die schmiedbaren Eisenlegierungen. Weißes Roheisen hat z. B. immer einen höheren Gehalt an Mn (2···4 %), in besonderen Sorten sogar bis zu 20 %. Trotzdem bezeichnet man sie nicht im Sinne der legierten Stähle als legiertes Roheisen, da die Zusätze keine besonderen Eigenschaftsänderungen bewirken sollen. Im Schliffbild sind diese Nebenbestandteile trotz ihrer großen Menge nicht unmittelbar zu erkennen.

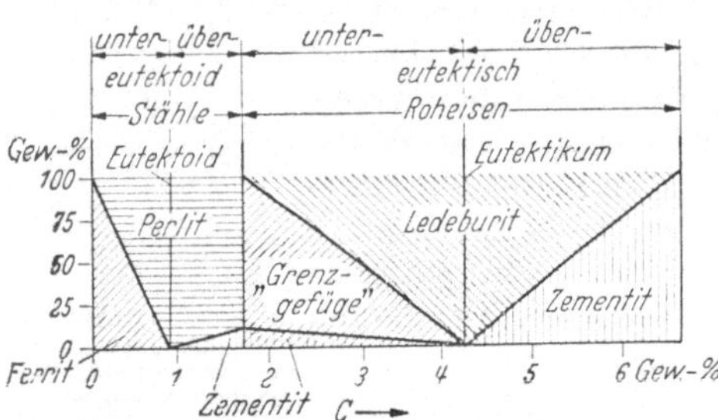

Abb. 40. Übersicht über die Roheisen- und Stahlgefüge.

Nach den bisherigen Erörterungen läßt sich der Gefügeaufbau reiner Fe-C-Legierungen einfach übersehen (Abb. 40). Der geringstmögliche C-Gehalt liefert reines Eisen = Ferrit, der höchstmögliche Eisenkarbid = Zementit (6,67 % C). Aus den Legierungen mit dazwischenliegenden C-Gehalten heben sich zwei heraus, die eutektoide, Perlit genannt (0,89 % C), und die eutektische (4,3 % C), Ledeburit genannt. Beide besitzen wie reines Eisen und Eisenkarbid ein einheitliches (homogenes) Korngefüge, wenn auch jedes einzelne Korn gesetzmäßig aus mehreren Bestandteilen zusammengefügt ist. Alle übrigen Fe-C-Legierungen sind aus verschiedenen Kornarten zusammengesetzt (heterogen). Zwischen Perlit und Ledeburit besteht ein Grenzgefüge mit 1,7 % C, das aus Perlit und Zementit besteht. Überschreitet der C-Gehalt 1,7 %, so kommt zu dem

Grenzgefüge Ledeburit, zunächst als ein die Körner des Grenzgefüges einhüllendes Netzwerk. Bei weniger als 1,7 % C hat man die in [6] (Abb. 16) beschriebenen Gefügearten. Perlit und Ledeburit liegen fast genau mitten in ihren durch die C-Gehalte 0 und 1,7 % bzw. 1,7 und 6,67 % begrenzten Feldern. Die Stähle nehmen von dem Gesamtbereich etwa ein Viertel, das Roheisen fast drei Viertel ein.

17. Graues Roheisen. Grauguß. Temperguß. Enthält Roheisen 2···4 % Si bei einem geringen Mn-Gehalt, so wird die Bildung von Eisenkarbid behindert und bewirkt, daß reiner Kohlenstoff in Form von Graphit als selbständiger Gefügebestandteil auftritt. Auch eine reine Fe-C-Legierung mit 4,25 % C kann Körner enthalten, die in sich aus Perlit und Graphit zusammengesetzt sind. Da sie aus einer einzigen Art von Körnern besteht, ist sie homogen. Sie ist wie Ledeburit ein eutektisches Gefüge und heißt Perlit-Graphit-Eutektikum (Abb. 41). Praktisch freilich bildet sich dieses Gefüge nur bei hinreichendem Si-Gehalt aus; doch gilt der C-Gehalt von 4,25 % theoretisch für Si-freie Legierungen. Graphit besteht aus dünnen, im Gefüge meist verbogenen Kristalltäfelchen, die im Korn unregelmäßig gelagert sind und im Schliff schräg oder quer geschnitten sind. Sie erscheinen am deutlichsten im ungeätzten Schliff, da sie sich nicht polieren lassen (Abb. 41), und sind ganz dunkel, oft völlig schwarz.

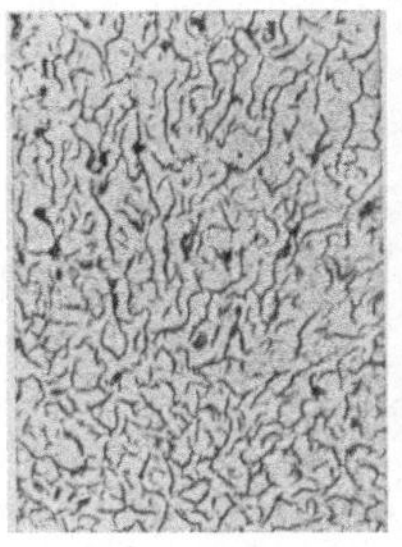

Abb. 41. V = 500. Abb. 42. V = 100.

Abb. 41. Perlit-Graphit-Eutektikum, ungeätzt, 4,2 % C. Sonderstelle aus Abb. 38. — Abb. 42. Primärgraphit (grobe, gerade Adern) und Graphiteutektikum (feine, gekrümmte Adern). Graues Gießerei-Roheisen, übereutektisch. 3,8 % C; 4 % Si.

Auch hier kann es bei entsprechendem C-Gehalt unter- und übereutektische Legierungen geben. Bei letzteren sind neben dem Eutektikum gröbere Graphitkristalle vorhanden (Abb. 42), bei ersteren ein manchmal aus Ferrit, Perlit, Ledeburit und Graphit vielfältig zusammengesetztes Gefüge (Abb. 43). Bei Grauguß, der im Grunde nur ein- oder mehrmals umgeschmolzenes Roheisen ist, sucht man zu erreichen, daß die nach dem Ausscheiden des Graphits verbleibende Restlegierung gerade so viel C enthält, daß sie Perlit bildet (Abb. 44). Solcher Guß hat besonders günstige mechanische Eigenschaften, da das Grundgefüge stahlartig ist und die höchstmögliche Festigkeit besitzt. Entsprechend der Perlitfestigkeit kann die Druckfestigkeit leicht 80···100 kg/mm² erreichen. Die Zugfestigkeit beträgt allerdings nur etwa ein Viertel davon, d. h. in günstigen Fällen 20···25 kg/mm², da die Graphiteinschlüsse gegen Zugbeanspruchung wie Hohlräume wirken. Sie übertragen dagegen Druckkräfte, weil sie nicht ausweichen können. Je weniger zahlreich und je gedrungener im Bau die

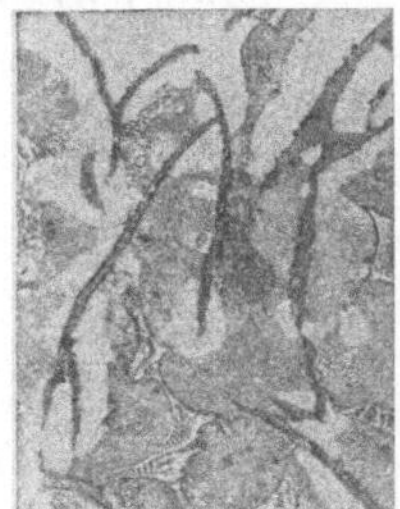

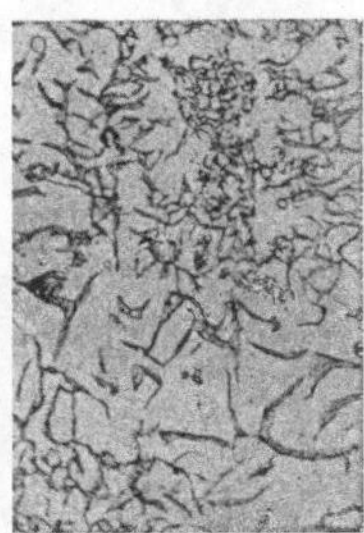

Abb. 43. V = 100. Abb. 44. V = 100. Abb. 45. V = 100.

Abb. 43. Grauguß mit Ferrit (hell), Perlit (grau), Ledeburit (gemusterte Füllmasse), Graphit (dunkle Adern). Englischer Brückenträger von 1844. Biegefestigkeit 28 kg/mm², Durchbiegung auf 60 cm Stützweite 11 mm. — Abb. 44. Perlit mit Graphit. Hochwertiger Grauguß. Festigkeit gegen Zug 25, gegen Biegung 43, gegen Druck 95 kg/mm². Kugeldruckhärte H = 223 kg/mm². — Abb. 45. Ferrit-Graphit-Eutektoid. Kolbenguß. Bäumchengefüge. H = 140.

Graphitblättchen sind, desto günstiger ist es für die Zugfestigkeit. Man wird also für hochwertigen Guß sowohl den C- als auch den Si-Gehalt so gering wählen, wie es mit Rücksicht auf die Gießbarkeit möglich ist.

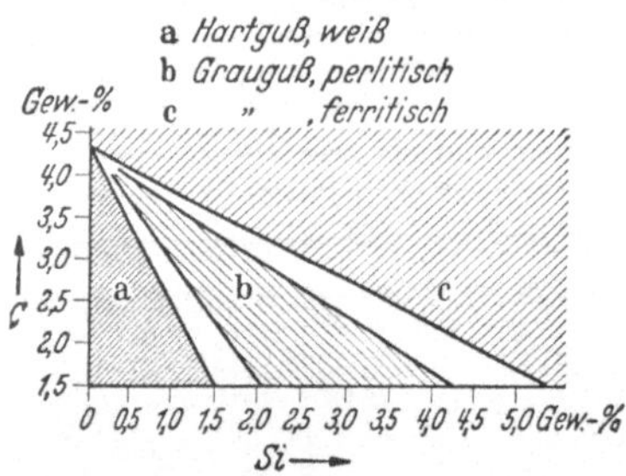

Abb. 46. Gußeisengefüge in Abhängigkeit vom C- und Si-Gehalt.

Gelegentlich findet man im Grauguß neben Graphit nur Ferrit. An Stelle des Perlits erscheint ein Bestandteil, der sehr fein aus Ferrit und Graphit zusammengesetzt ist, so wie Perlit aus Ferrit und Zementit aufgebaut ist (Abb. 45). Er heißt Ferrit-Graphit-Eutektoid. Praktisch hängt die Ausbildung des Gefüges gemeinsam vom C- und vom Si-Gehalt ab. Man stellt das durch ein Schaubild dar, in dem der C-Gehalt auf der senkrechten, der Si-Gehalt auf der waagerechten Achse aufgetragen wird (Abb. 46). Bei z. B. 3···4% C ergeben geringe Si-Gehalte weißen Guß (Abb. 38), mittlere perlitischen (Abb. 44), höhere ferritischen (Abb. 43). Je höher der Si-Gehalt, desto geringerer C-Gehalt führt zum gleichen Ergebnis. Die günstigsten Gefügeeigenschaften, d. h. die beste Festigkeit, erhält man im allgemeinen, wenn C + Si = 5%.

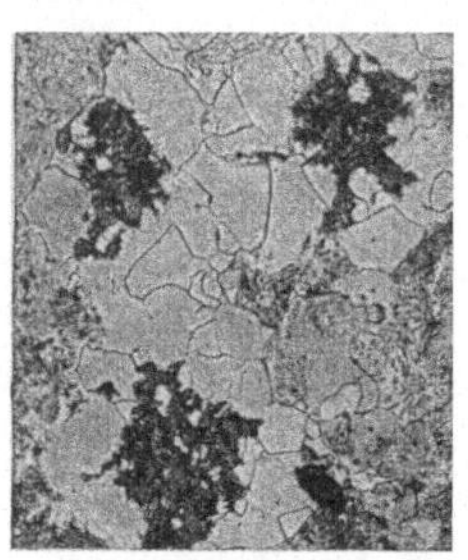

Abb. 47. V = 100. Temperkohle (dunkel) in Ferrit (hell) und Perlit (grau), Temperguß.

Eine kugelig zusammengeballte Form des Graphits kommt im Temperguß, d. h. in lange geglühtem weißem Guß vor. Sein Grundgefüge besteht aus Ferrit oder Perlit, oder es ist aus beiden Bestandteilen heterogen zusammengesetzt. Es enthält kugelige Einschlüsse von Temperkohle (Abb. 47), die wegen ihrer gedrungenen Form den Querschnitt weit weniger schwächen als die Graphitblättchen. Daher hat bei sonst gleichem Grundgefüge Temperguß günstigere Festigkeitseigenschaften als Grauguß. Die Zugfestigkeit beträgt 32···38 kg/mm², die Bruchdehnung bei Perlitgrundmasse 2···4%, bei Ferritgrundmasse 9%.

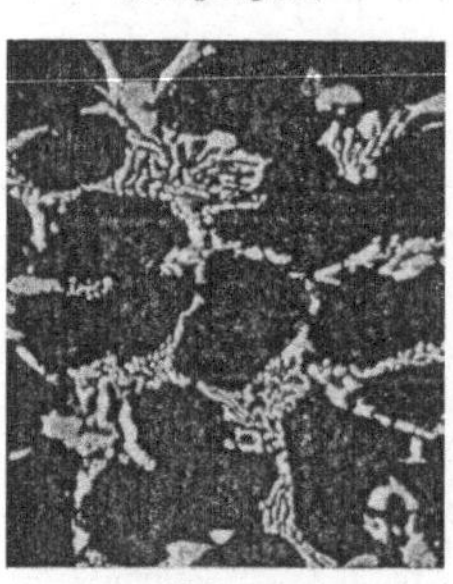

Abb. 48. Grenzgefüge mit ledeburitähnlichem Eutektikum (hell, gemustert). Schnellstahlblock. Gußgefüge. (Nach RAPATZ, Edelstähle.)

18. Roheisenähnliche Werkzeugstähle. Es wurde bereits erwähnt, daß die Werkzeugstähle sich nicht auf das Gebiet der überperlitischen (übereutektoiden) Stähle beschränken, sondern nach beiden Seiten über dieses Gebiet hinausgehen. In den Bereich der untereutektoiden Stähle reichen die weichen Werkzeugstähle (Pflugschare, Hämmer, Schermesser), in den des Roheisens z. B. die hochlegierten Schnellschneidstähle trotz des geringen C-Gehaltes von etwa 0,6···0,9%. Die große Menge an Legierungsbestandteilen (im einzelnen bis etwa zu 5% Cr, 25% W, 2% V, 2% Mo, 20% Co) setzt den Gehalt des Grenzgefüges an C so weit herunter (Abb. 23), daß ein Stahl, der unlegiert Ferrit enthielte, nun sogar Ledeburit enthält, also eigentlich als Roheisen anzusprechen ist (Abb. 48). Außer den Schnellschneidstählen gehören auch noch andere hochlegierte Werkzeugstähle, wie z. B. sehr harte Cr-Stähle, hierher.

Der hier als Ledeburit bezeichnete Bestandteil ist natürlich nicht der gleiche wie der in reinen Fe-C-Legierungen enthaltene; die Karbide sind vielmehr vielfältig zusammengesetzt. Aber er ist ein Eutektikum und ähnelt dem Ledeburit im Schliffbild stark. Er lagert sich als Netzwerk an den Korngrenzen der

Grundmasse ab. Diese besteht aus stark mit Fremdbestandteilen beladenen Mischkristallen, die dem Grenzgefüge entsprechend noch Karbidausscheidungen in sich enthalten. Mechanisch ist das Ledeburitnetz ebenso schädlich wie das Zementitnetz [9] und muß wie dieses vorsichtig durch Walzen oder Schmieden zerstört werden (Abb. 127).

II. Die Entstehungsbedingungen für die wichtigsten Arten und Formen des Gefüges bei Eisen und Stahl.

A. Die Entstehung des Gefüges aus dem Schmelzfluß.

19. Schmelzen und Erstarren von Metallen. Reines Eisen. Während des Schmelzens bleibt die Temperatur der reinen Metalle unverändert auf dem *Schmelzpunkt* (bei reinem Eisen 1528°) stehen (Abb. 49). Trotz dieses sog. *Haltepunktes* der Temperatur muß Wärme zugeführt werden, um den Schmelzvorgang im Gange zu halten. Diese sog. *Schmelzwärme* (bei reinem Eisen 64,4 kcal/kg) stellt die Energie dar, die notwendig ist, das Raumgitter gegen den Widerstand der inneren Kräfte abzubauen. Äußerer Druck erhöht in der Regel den Schmelzpunkt, bei hochschmelzenden Metallen jedoch nur so wenig, daß man die Temperaturen stillschweigend für Atmosphärendruck angibt. Für unsere Betrachtungen ist die Umkehrung des Schmelzens, das *Erstarren*, besonders wichtig, da auf diesem Wege die meisten technischen Metalle gewonnen werden. Das dabei entstehende Gefüge ist wesentlich mitbestimmend für alle Eigenschaften des Werkstoffs, selbst wenn er durch spätere Nachbehandlung, Glühen, Walzen, Schmieden, Härten usw., verändert wird. Der *Erstarrungspunkt* ist praktisch gleich dem Schmelzpunkt; bei ihm muß die Schmelzwärme nach außen abgeführt werden.

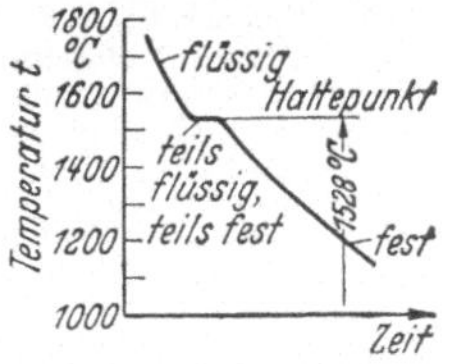

Abb. 49. Abkühlungskurve mit Haltepunkt beim Erstarren von Fe.

Eine Metallschmelze erstarrt um so *feinkörniger*, je schneller und gleichmäßiger sie durch allseitigen Wärmeentzug abgekühlt wird. Die ganze Schmelze kommt dabei überall schnell auf die Erstarrungstemperatur und beginnt an zahlreichen Stellen gleichzeitig kleine Kristalle zu bilden. Von diesen *Kernen* aus wachsen die Kristalle nach allen Seiten, bis sie aneinanderstoßen. Daher kommt ihre unregelmäßige äußere Form. Die Hauptrichtungen des Raumgitters haben im allgemeinen „zufällige“, d. h. von Korn zu Korn andere Lage: die Körner sind verschieden *orientiert* (gerichtet). Wird die frei werdende Schmelzwärme nur langsam abgeführt, so kommen nur wenige Stellen gleichzeitig auf Erstarrungstemperatur, die Erstarrung beginnt also an weniger Stellen, das Metall erstarrt grobkörniger. Die Kristalle des reinen Eisens haben, da in ihnen die Teilchen enger gelagert sind als in der Schmelze, höheres spezifisches Gewicht als diese (Abb. 50) und daher die Neigung, in ihr abzusinken.

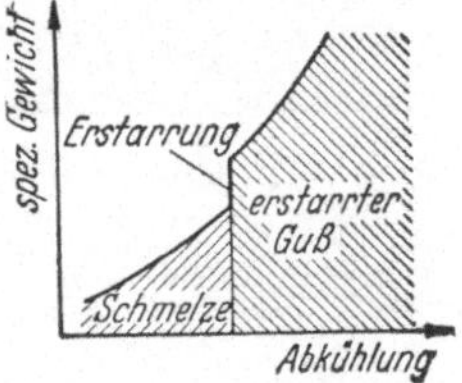

Abb. 50. Änderung des spezifischen Gewichts beim Erstarren.

20. Erstarren in der Form. Praktisch wird die Wärme aus der Schmelze durch die Formwandungen abgeführt, an denen sich die Kristalle in einer allmählich dicker werdenden Schicht ansetzen. Zwischen dieser schon erstarrten Außenschicht und der innen befindlichen Restschmelze bilden sich jeweils in dünner Zone bei Erstarrungstemperatur die Kristalle. Von hier aus fällt die Temperatur nach außen ab, während sie nach innen zu höher ist (Abb. 51). Durch die erstarrte Außenschicht hindurch muß sowohl die in der erstarrenden Zone frei werdende Schmelzwärme als auch die Überhitzungswärme der übrigen Schmelze (Wärmeinhalt zwischen Gieß- und Erstarrungstemperatur) abgeführt werden. Je schneller das geschieht, je größer also das Temperaturgefälle nach außen ist, desto schneller dringt die Kristallbildung nach innen vor. Es ist anschaulich klar, daß sich dabei lange stengelige Kristalle bilden, die senkrecht auf der abkühlenden Fläche stehen und in die Schmelze hineinwachsen. Man nennt das Transkristallisation (trans = hindurch) (Abb. 52). Die Raumgitter dieser Kristalle sind sämtlich nahezu parallel gelagert.

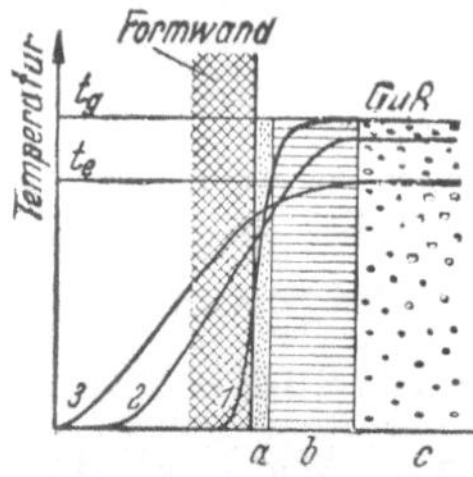

Abb. 51. Temperaturausgleich durch die Formwand beim Erstarren. *1, 2, 3* = zeitlich aufeinanderfolgende Temperaturverteilungen, t_g = Gießtemperatur, t_e = Erstarrungstemperatur, *a* feinkörnig erstarrter Rand, *b* transkristallisierte Zone, *c* grobkörnig erstarrende Innenzone.

Je langsamer mit dicker werdender Außenschicht die Wärmeabführung und damit die Transkristallisation erfolgt, desto mehr gleichen sich innerhalb der Restschmelze die Temperaturen aus und nähern sich überall dem Erstarrungspunkt. Das Temperaturgefälle verschwindet allmählich. Dann hört die Transkristallisation auf, und es beginnt innerhalb der Restschmelze die Erstarrung an mehreren Stellen gleichzeitig. Dabei bildet sich infolge langsamer Wärmeabführung ein grobkörniges, unregelmäßig orientiertes Gefüge aus. Bei sehr schneller Wärmeabführung kann jedoch die Transkristallisation bis ins Innere des Gußstücks vordringen (Abb. 52). Sie ist unerwünscht, weil der seitliche Zusammenhalt der Körner gering ist. Ein besonderes Gefüge hat oft die äußerste Haut des Gußstücks, die infolge der Abschreckwirkung bei der ersten Berührung mit der viel kälteren Form sehr schnell auf Erstarrungstemperatur kommt und daher feinkörnig wird (Abb. 52).

Abb. 52. V = 1. Viertel eines Bruchs durch ein Vierkant-Stahlgußstück. *a* = feinkörniger Rand, *b* = transkristallisierte Zone bis zur Mitte *c*, dort Lunker (schwarz).

Im Innern eines in der Form erstarrten Gußstücks muß ein Hohlraum (Lunker) entstehen, der bei reinem Eisen mehr als 4% beträgt, d. h. mehr als 40 cm^3 auf 1 l. Infolge des Ankristallisierens an die Form ist nämlich der äußere Gesamtrauminhalt des eben erstarrten Gußstücks ungefähr ebenso groß wie derjenige der Schmelze war, während erstarrtes Eisen weniger Raum einnimmt als flüssiges (Abb. 50). Kühlt die Schmelze ringsum gleichmäßig ab, so muß sich der Lunker überall durch die Mitte des Gußstücks ziehen (Abb. 52); er wird an dicken Stellen größer sein als an dünnen. Wo Stege oder Rippen zusammenstoßen, sind meist Lunker, wenn auch kleine, im Schliff zu finden (Abb. 53).

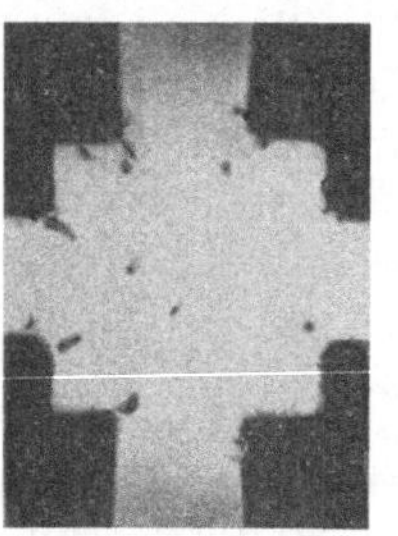

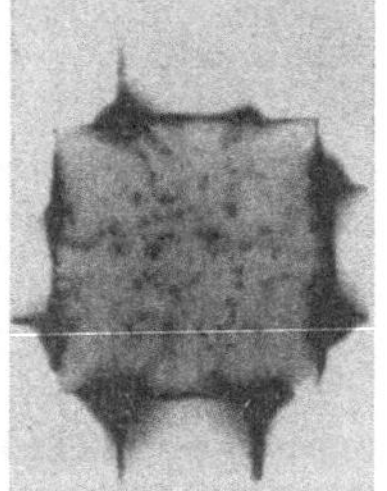

Abb. 53. V = 1/2. Abb. 54. V = 1/2.
Abb. 53. Lunkerige Stelle in Stahlguß. Armkreuz mit 40 mm dickem Mittelstück. Schliff in der Mittelebene. — Abb. 54. Wie Abb. 54. Röntgendurchstrahlung, zeigt zahlreiche weitere Lunker außerhalb der Mittelebenen.

Zur Sichtbarmachung der Lunker am unzerstörten Werkstück leisten die Röntgenstrahlen vorzügliche Dienste. Dies sind Strahlen von gleicher Art wie die Lichtstrahlen, die auch ebenso wie diese die lichtempfindlichen Schichten von Platten, Filmen und Papieren schwärzen. Sie sind aber viel durchdringender als Lichtstrahlen, so daß für sie fast alle Stoffe bis zu beträchtlichen Dicken durchscheinend sind. An Stellen, wo Lunker im Innern sind, können die Röntgenstrahlen das Werkstück natürlich leichter durchdringen als an dichten Stellen und eine dahinter angebrachte Photoschicht stärker schwärzen (Abb. 54).

21. Die Erstarrungsvorgänge bei Fe-C-Legierungen. Bei Legierungen beginnt die Ausscheidung der Kristalle bei einer bestimmten Temperatur, der oberen Erstarrungsgrenze, setzt sich bei abnehmender Temperatur fort und endigt bei einer bestimmten tieferen Temperatur, der unteren Erstarrungsgrenze. Legierungen erstarren also in der Regel nicht wie reine Metalle bei einem Erstarrungspunkt, sondern innerhalb eines Erstarrungsbereichs (Abb. 55), innerhalb dessen sie aus festen Kristallen in der flüssigen Schmelze bestehen. Aus Fe-C-Legierungen scheiden sich dabei die uns bekannten γ-Mischkristalle aus der Schmelze aus. Diese Mischkristalle sind stets freier an Nebenbestandteilen als die Schmelze, ähnlich wie bei starkem Abkühlen von Salzwasser sich aus diesem erst salzarme Eiskristalle ausscheiden. Infolgedessen wird die Schmelze während des Erstarrens dauernd reicher an Nebenbestandteilen. Die Legierung, die geschmolzen eine gleichmäßige „Mischung" bildet, entmischt sich also beim Erstarren.

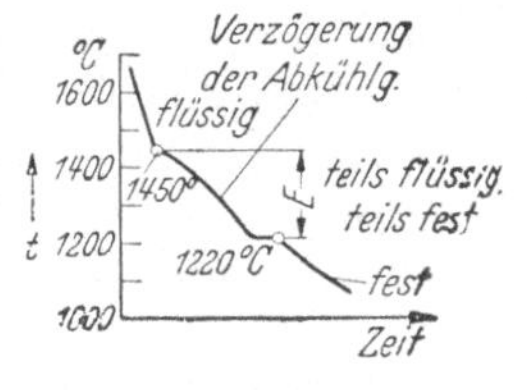

Abb. 55. Abkühlungskurve mit Erstarrungsbereich (E) einer Fe-C-Legierung mit etwa 1,1 % C.

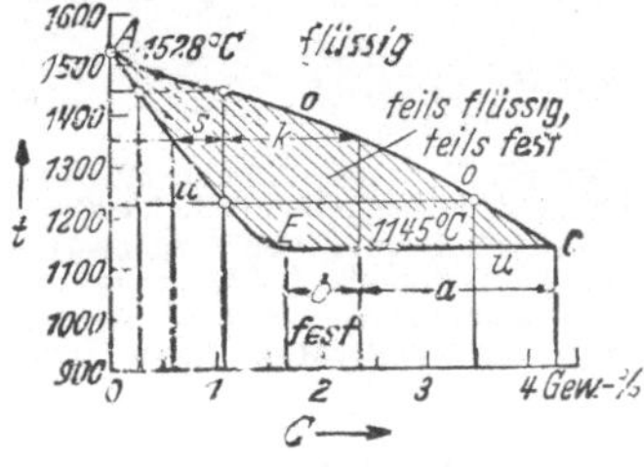

Abb. 56. Erstarrungsschaubild für Fe-C-Legierungen bis zu 4,3 % C. o obere, u untere Erstarrungsgrenze. Bei A vereinfacht.

Zahlenmäßig übersieht man die Verhältnisse am besten an einem Erstarrungsschaubild. In ihm wird dargestellt, wie die beiden Erstarrungsgrenzen vom C-Gehalt der Legierung abhängen (AC und AEC in Abb. 56). Das Erstarren beginnt danach bei um so tieferer Temperatur, je höher der C-Gehalt ist. Eine Waagerechte im Schaubild für irgendeine Temperatur, z. B. 1450° (s. Abb. 56), schneidet auf der oberen Erstarrungsgrenze den C-Gehalt der Schmelze (1,1 %), auf der unteren denjenigen der in Bildung befindlichen Kristalle (0,3%) ab. Nach Abkühlung auf etwa 1350° scheiden sich Kristalle mit 0,6 % C ab, während der C-Gehalt der Schmelze auf 2,3 % gestiegen ist. Im letzten Augenblick des Erstarrens (bei 1220°) entstehen Kristalle mit 1,1 % (dem ursprünglichen C-Gehalt der Schmelze) aus einer Restschmelze mit 3,5 % C. Während der Erstarrungsbereich von 1450°···1220° durchlaufen wird, gleicht sich der C-Gehalt der schon bestehenden Kristalle dem der sich neu bildenden um so mehr an, je mehr Zeit dazu gelassen wird, jedoch unter praktischen Verhältnissen nie vollständig.

Abb. 57. V = 100. Tannenbaum- (Wachstums-) Kristalle aus einem Stahlgußlunker. Hauptwachstumsrichtungen nach oben, nach vorn und zur Seite.

Da das Wachstum der Kristalle in gewissen Richtungen des Raumgitters schnell, in anderen langsamer vor sich geht, bildet sich zuerst in den bevorzugten Richtungen ein Gerippe aus (Abb. 57), das schichtenweise mehr und mehr umhüllt wird, bis der ganze Kristall aufgebaut ist. Nach außen nimmt demnach der Gehalt der Schichten an C und anderen Bestandteilen zu. Diese Entmischung der Legierung innerhalb der Kristalle nennt man Kristallseigerung (seigern =

sickern). Durch geeignete Ätzmittel (s. Anhang) kann man im Schliff in den einzelnen Schichten den Unterschied an Fremdbestandteilen — außer C auch P, S usw. — und damit das Wachstumsgefüge der Kristalle sichtbar machen. Es erinnert an Tannenbäumchen mit Ästen und Zweigen (Eisblumen) und wird daher als Bäumchengefüge oder Dendritengefüge (griech. Dendron = Baum) bezeichnet. Mit Rücksicht auf die Entstehung nennt man es auch Gußgefüge (Abb. 58 u. 59) oder Primärgefüge, d. h. zuerst entstandenes Gefüge, zum Unterschied von dem aus ihm durch spätere Behandlung (Glühen, Walzen usw.) sich bildenden Sekundärgefüge.

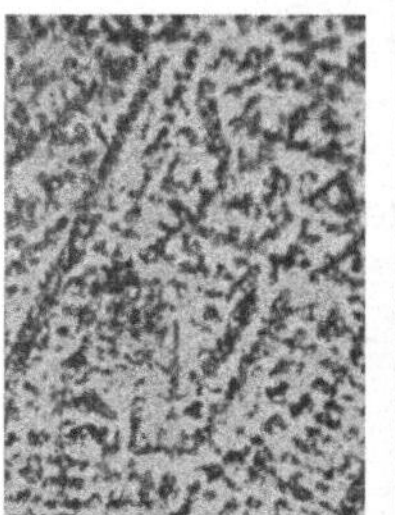

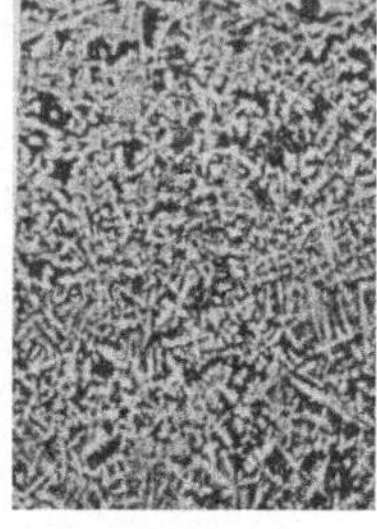

Abb. 58. V = 10. Abb. 59. V = 10.
Abb. 58. Bäumchengefüge in Stahlguß ($\sigma_B = 52$), Kristallseigerung von C (dunkel). — Abb. 59. Primärgefüge in Stahlachse ($\sigma_B = 65$), Kristallseigerung von P (hell). Ätzung nach OBERHOFFER. Schräge Beleuchtung.

22. Das Gefüge von Stahlblöcken. Das Gußgefüge der im Stahlwerk gegossenen Blöcke macht sich bei allen Walz- und Schmiedeerzeugnissen trotz vielfacher Nachbehandlung stets geltend; es ist daher praktisch von größter Bedeutung. Infolge der am Erstarrungsschaubild geschilderten Entmischung beim Erstarren werden die zuerst abgeschiedenen Kristalle, d. h. in der Regel die Außenhaut des Blocks, am reinsten sein. Nach innen zu werden die Kristalle im ganzen reicher an C, S, P usw. So entsteht außer der Kristallseigerung die sog. Blockseigerung, das ist eine im Innern des Blockquerschnitts oft scharf abgegrenzte, höher legierte Seigerungszone, die sich auch nach dem Auswalzen nicht verliert und durch gewisse Ätzverfahren (s. Anhang) sichtbar gemacht werden kann (Abb. 60 bis 62). Da die Schmelze beim Gießen in der Blockform von unten aufsteigt, das Erstarren also unten beginnt, so wird auch vom Fuß zum Kopf im Block die Menge der Nebenbestandteile zunehmen. Durch geeignete Maßnahmen kann die Blockseigerung stark beeinflußt und im ganzen vermindert werden, wobei häufig im Blockfuß die reinere Zone innen entsteht (Abb. 63), weil die zuerst abgeschiedenen Kristalle in der Schmelze absinken [19].

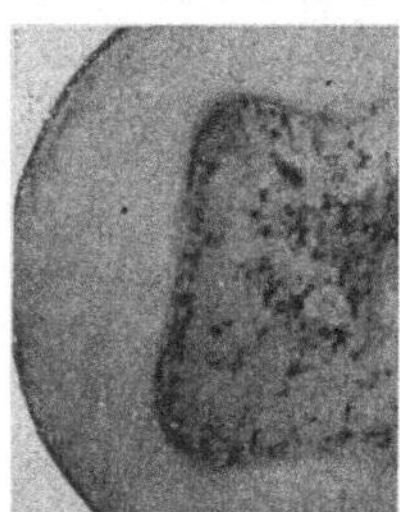

Abb. 60. V = 1.

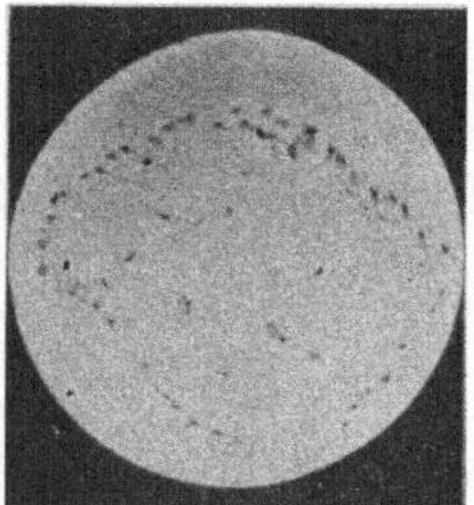

Abb. 61a. V = 1/2.

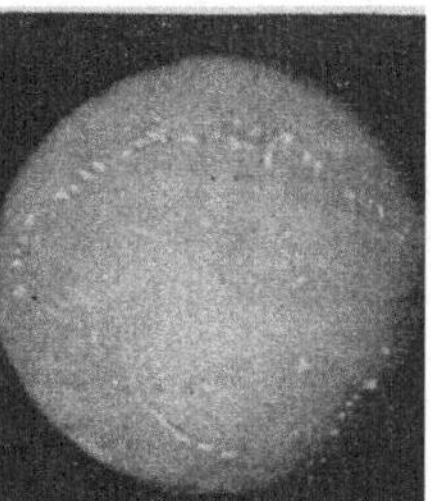

Abb. 61b. V = 1/2.

Abb. 60. C-Blockseigerung (dunkel) in Betonrundstahl (45 mm Durchmesser). σ_B im Mittel 46, im Kern 55. Ätzung nach HEYN.

Abb. 61a u. b. P-Blockseigerung (dunkle Punkte) in Kesselanker (60 mm Durchmesser). Im Mittel $\sigma_B = 50$. Ätzung nach OBERHOFFER. a) Schräge, b) senkrechte Beleuchtung.

Abb. 62. S-Blockseigerung (dunkel) in Kesselboden ($s = 16$ mm). Im Mittel $\sigma_B = 42$. Schwefelabdruck nach BAUMANN.

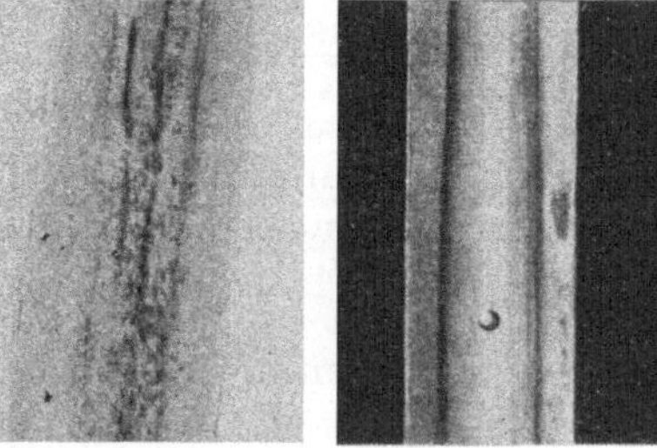

Abb. 62. V = 1. Abb. 63. V = 1.

Abb. 63. Sogenannte umgekehrte C-Blockseigerung (dunkel) im Steg eines I-Trägers Pr. Nr. 40. Im Mittel $\sigma_B = 58$. H (in der Mitte, s. Eindruck) = 115, an der dunkelsten Stelle = 192. Ätzung nach HEYN.

Die Ausbildung der Seigerungszone hängt eng mit dem Entweichen der in der Schmelze stets gelöst enthaltenen Gase (O_2, N_2, CO usw.) zusammen. Die Gase entweichen, nachdem die Schmelze durch die fortschreitende Kristallisation damit genügend angereichert ist. Gasblasen werden beim Walzen oder Schmieden verschweißt, wenn sie weit genug im Innern des Blocks liegen [40]. Mit der Außenluft verbundene Randblasen oxydieren und verschweißen daher nicht beim Walzen oder Schmieden. Sie ergeben auf diese Weise leicht Fehlstellen in den Walzerzeugnissen, wie Blechen, Schienen, Rohren usw., und können im Betrieb Risse veranlassen.

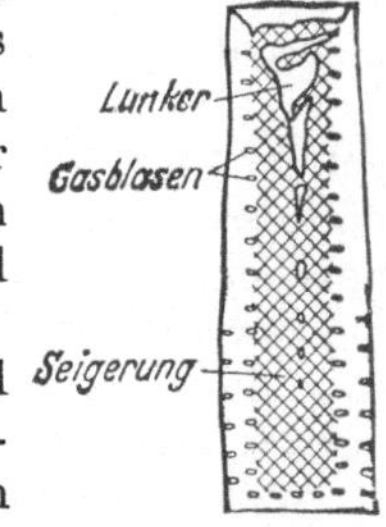

Abb. 64. Lunker, Gasblasen und Seigerung in Stahlbock (übertrieben dargestellt). Je mehr Gasblasen, desto weniger Lunkerung.

Der Hauptlunker, der im Kopf des Blockes entsteht und mit diesem vor der Weiterverarbeitung abgetrennt wird, hat gelegentlich, d. h. wenn nicht genügend Schmelze nachlaufen konnte, eine leicht unbemerkt bleibende Fortsetzung nach unten in den Block hinein (Abb. 64), und zwar um so mehr, je weniger die Schmelze durch Gasblasenbildung steigen konnte. Diese Lunkerfortsetzung schweißt, da sie mit der Luft in Berührung war, beim Walzen nicht zu und findet sich nach starkem Auswalzen im fertigen Stück unter Umständen auf sehr große Längen ausgestreckt vor (Abb. 65). In Blechen wird der Lunker breitgewalzt, so daß sie aus mehreren Schichten bestehend und gedoppelt erscheinen (Abb. 66). Die transkristallisierte Zone muß im Block durch geeignete Gieß- und Abkühlungsmaßnahmen möglichst klein gehalten werden. Infolge der Kristallseigerung sind die Außenränder der Stengelkristalle stärker legiert, also spröder, d. h. weniger kerbzäh. Dadurch können z. B. scharfe Keilnuten in dieser Zone bei Teilen, die stoßender Beanspruchung ausgesetzt sind, zum Bruch führen.

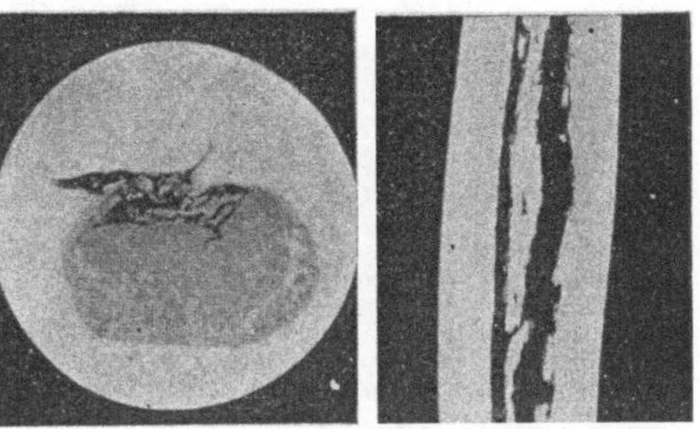

Abb. 65. V = 2/3. Abb. 66. V = 2.

Abb. 65. Lunker und seitliche Seigerung, mehr als 7 m lang, in Transmissionswelle (σ_B = 49). Ätzung nach Heyn. — Abb. 66. Gedoppeltes Blech (σ_B = 47), beim Kümpeln aufgebeult. Ungeätzt.

23. Das Erstarren von weißem Roheisen und Hartguß. Im Gebiet des Roheisens, d. h. bei C-Gehalten über 1,7 %, fällt im Erstarrungsschaubild (Abb. 56) zunächst die Legierung mit 4,3 % C auf, bei der die obere und die untere Erstarrungsgrenze zusammenlaufen. Sie hat also ausnahmsweise einen Erstarrungspunkt, genau wie reine Metalle, und zwar bei 1145°. Beim Erstarren entsteht das Eutektikum Ledeburit [15]. Roheisen mit irgendeinem anderen C-Gehalt verhält sich dagegen wie eine Legierung. Hat es z. B. 2,3 % C, so würde es nach Abb. 56 bei 1350° beginnen fest zu werden und zunächst Mischkristalle mit 0,6 % C ausscheiden. Bei 1145° ist das Erstarren beendet. Die zuletzt gebildeten Mischkristalle haben 1,7 % C, die zuletzt erstarrende Schmelze 4,3 % C. Aus ihr entsteht Ledeburit. Haben die vorher entstandenen γ-Mischkristalle Zeit gehabt, ihren C-Gehalt auszugleichen, so bilden sie beim Erkalten das uns bekannte Grenzgefüge (Abb. 40).

Das Erstarrungsschaubild zeigt nicht nur die Zusammensetzung und Bildungstemperatur, sondern auch die Mengenverhältnisse der Bestandteile. Sind in dem soeben betrachteten Roheisen mit 2,3 % C die Mengen an Grenzgefüge und Ledeburit a und b, so muß der C-Gehalt der beiden Anteile, nämlich $a \cdot 1{,}7$ und $b \cdot 4{,}3$, zusammen gleich dem C-Gehalt $(a + b) \cdot 2{,}3$ der Gesamtmenge sein. Es muß also sein: $a \cdot 1{,}7 + b \cdot 4{,}3 = (a + b) \cdot 2{,}3$, woraus folgt $a : (a + b) = (4{,}3 - 2{,}3) : (4{,}3 - 1{,}7)$ und $b : (a + b) = (2{,}3 - 1{,}7) : (4{,}3 - 1{,}7)$. Die rechts stehenden Differenzen sind aber nichts anderes als die Strecken a, b bzw. $(a + b)$ in Abb. 56, können also aus dem Erstarrungsschaubild unmittelbar abgegriffen werden. Es beträgt im vorliegenden Fall $a : (a + b) = 77\,\%$ und $b : (a + b) = 23\,\%$. Dieses Roheisen wird also nach dem Erstarren 77 % Grenzgefüge und 23 % Ledeburit enthalten. Die Betrachtung über die Mengenverhältnisse gilt genau so, wenn bei höheren Temperaturen Kristalle und Schmelze nebeneinander bestehen. Sind z. B. bei einer Legierung mit 1,1 % C bei 1350° die verhältnismäßigen Anteile an Schmelze und Erstarrtem gleich s und k (Abb. 56), so kann man im Schaubild abgreifen, daß die Schmelze (s) etwa 29 %, die bereits ausgeschiedenen Kristalle (k) etwa 71 % der Gesamtmenge ausmachen.

Will man die Entstehung von übereutektischem Roheisen verfolgen, so muß das Erstarrungsschaubild bis zum Höchstgehalt von 6,67 % C (Eisenkarbid) erweitert werden (Abb. 67). Oberhalb 4,3 % C steigt die obere Erstarrungsgrenze von 1145° bis zum Schmelzpunkt des Eisenkarbids (1550°) an. Die untere Erstarrungsgrenze wird wie bei untereutektischem Roheisen stets mit der Ledeburitbildung bei 1145° erreicht. Von der oberen Erstarrungsgrenze an werden zunächst Zementitkristalle mit 6,67 % C ausgeschieden. Dabei nimmt der C-Gehalt der Schmelze allmählich bis auf 4,3 % ab, woraus bei 1145° Ledeburit entsteht. Übereutektisches weißes Roheisen enthält also Zementitkristalle im Ledeburit. Die Mengenverhältnisse lassen sich, wie vorhin erläutert, im Schaubild abgreifen. Eine Legierung mit 5,5 % C wird demnach etwa je zur Hälfte aus Zementit und Ledeburit bestehen ($Z : L$ in Abb. 67). Alles das gilt genau nur für reine Fe-C-Legierungen, also für die praktisch vorkommenden Roheisensorten nur angenähert, da diese stets noch Mn, Si, S, P usw. in nicht geringen Mengen enthalten.

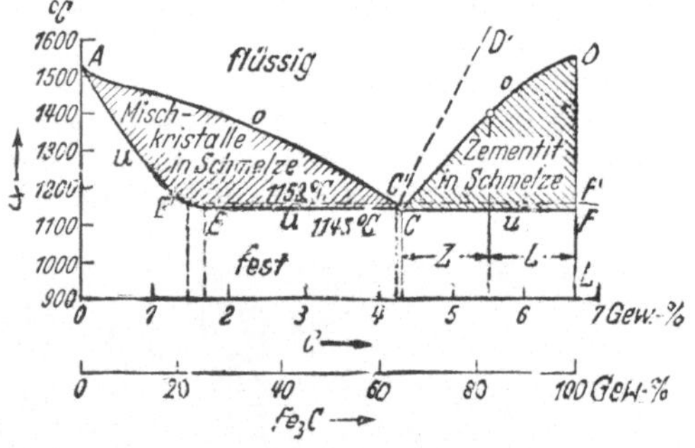

Abb. 67. Vollständiges Erstarrungsschaubild für Fe-C-Legierungen. Ausgezogen: Zementitsystem. Gestrichelt: Graphitsystem. Bei A vereinfacht.

In gleicher Weise erstarrt auch Hartguß, der meist untereutektisch ist. Bei der sehr schnellen Erstarrung in der Metallform haben die Kristalle aber keine Zeit, ihren C-Gehalt dem Gleichgewichtszustand anzugleichen; es wird also stets infolge der Kristallseigerung das Gußgefüge im Schliff erscheinen (ähnlich Abb. 58), so daß Grenzgefüge und Ledeburit nicht getrennt sind.

24. Das Erstarren von grauem Roh- und Gußeisen. Schalenhartguß. Beim Erstarren von Stahl und weißem Roheisen bzw. Hartguß bilden sich nach den vorigen Erläuterungen im Grunde nur die beiden Bestandteile Ferrit und Zementit, d. h. bei reinen Fe-C-Legierungen reines Fe und die Verbindung Fe_3C mit 6,67 % C. Man kann also mit gleichem Recht von Fe-Fe_3C-Legierungen sprechen und auf der waagerechten Achse des Erstarrungsschaubildes statt des C-Gehaltes den Fe_3C-Gehalt auftragen (Abb. 67). Die Gesamtheit der Zustände solcher Legierungen bezeichnet man als Eisen-Zementit-System. Die Gefüge dieses Systems sind nicht völlig beständig (stabil), weil Eisenkarbid, das auch schon in der Schmelze vorhanden ist, die Neigung hat, in Eisen und Kohlenstoff (Graphit) zu zerfallen, was praktisch allerdings durch besondere Maßnahmen veranlaßt werden muß.

Dann setzt sich das Eisen aus Ferrit und Graphit zusammen. Diese Zustände faßt man unter dem Namen Eisen-Graphit-System zusammen. Dieses System ist beständig. Man nennt es daher auch das stabile System im Gegensatz zu dem metastabilen Eisen-Zementit-System. In den Gußstücken finden sich häufig Gefüge beider Systeme gemischt.

Aus Roh- und Gußeisen mit mehr als 4,25 % C scheidet sich — praktisch schon bei geringeren C-Gehalten durch hohen Siliziumgehalt veranlaßt — Graphit in groben Kristallen aus (Abb. 42). An Stelle des Ledeburits **entsteht Graphiteutektikum** (Abb. 42). Untereutektische Legierungen bestehen nach dem Erstarren aus Mischkristallen und Graphiteutektikum. Im Erstarrungsschaubild der reinen Fe-C-Legierungen laufen die obere und untere Erstarrungsgrenze teils gleich, teils mehr oder weniger höher als die des Eisenzementitsystems ($E'C'F'$ und $C'D'$ in Abb. 67). Da beim Schmelzen der Graphit wenig Neigung hat, sich beim Überschreiten der oberen Erstarrungsgrenze in der Schmelze zu lösen, so bilden beim Erstarren die Graphitreste Keime, an die die Mischkristalle ankristallisieren und ihren Kohlenstoff abgeben. Dabei können sehr grobe Graphiteinschlüsse entstehen, die die Festigkeit stark beeinträchtigen (Abb. 68). Soll das vermieden werden, so muß die Schmelze vor dem Gießen hoch (1500°) und lange genug erhitzt werden, damit die Graphitkeime sich auflösen. Man kann dies auch durch Rütteln der Schmelze erreichen (Rüttelguß).

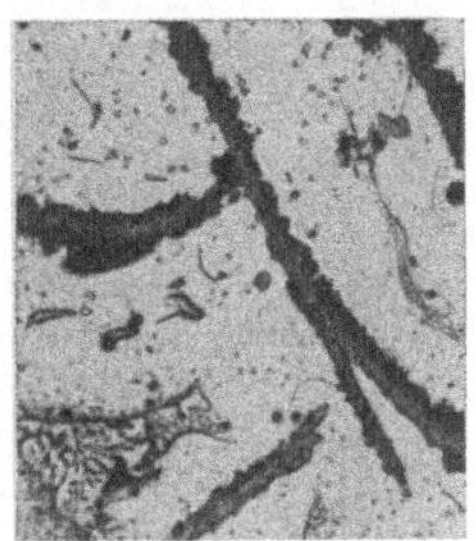

Abb. 68. **Grauguß mit grobem Graphit in Ferrit (hell) und Temperkohle (dunkle Punkte). Auf See gebrochene Schiffsschraube (σ_B = 9, H = 116, Druckfestigkeit = 39). Dreieckige gemusterte Fläche unten links: Phosphideutektikum.**

Im Kristallgitter des Graphits steht jedem C-Atom ein größerer Raum zur Verfügung als in dem des Eisenkarbids. Grau erstarrtes Eisen hat daher geringere Dichte ($\gamma = 7{,}2$) als weiß erstarrtes ($\gamma = 7{,}7$). Während bei letzterem der Rauminhalt im Augenblick des Erstarrens, wie bei weitaus den meisten Metallen und Legierungen, abnimmt, wächst er bei Grauguß und befähigt es, die Form ohne zu starke Lunkerung gut auszufüllen [20], führt aber auch zu dem unerwünschten Wachsen [31]. Meist erstarrt Grauguß nicht völlig nach dem Graphitsystem, sondern es bleibt auch unterhalb 1152° noch eine Restschmelze bestehen, die dann bei 1145° zu Ledeburit erstarrt (Abb. 43), der deutlich als Füllmasse oder unvollständiges Netzwerk zu erkennen ist. Ähnlich diesem Ledeburit im Aussehen und in den Eigenschaften ist ein sehr lange flüssig bleibendes Eutektikum, an dessen Aufbau außer Eisenkarbid (Fe_3C) noch Eisenphosphid (Fe_3P) sowie Fe-C-P-Mischkristalle beteiligt sind (Abb. 68). Es heißt Phosphid-Eutektikum und besteht chemisch aus ungefähr 2 % C, 7 % P, 91 % Fe. Um es von Ledeburit sicher unterscheiden zu können, muß man es in besonderer Weise ätzen.

Sogenannter Schalenhartguß erstarrt außen, wo durch Schreckplatten die Wärme schnell abgeführt und daher die Graphitausscheidung unterdrückt wird, weiß und hart [23], während er im Innern infolge der langsameren Abkühlung auch dem Graphitsystem erstarrt und grau und weich wird. Zwischen beiden Gefügearten gibt es alle Übergangsstufen.

B. Die Umwandlung des Erstarrungsgefüges bei weiterer Abkühlung.

25. Die γ-α-Umwandlung im reinen Eisen. Die Atome sind im Raumgitter an ihrer Stelle nicht unbeweglich fest, sondern schwingen um eine Mittellage (Abb. 1) um so lebhafter in allen Richtungen hin und her, je höher die Temperatur ist.

Durch diese Schwingungen wird das Gleichgewicht des Raumgitters beeinflußt, so daß es sich beim Schmelzpunkt sogar in eine unregelmäßige Anhäufung sich durcheinander bewegender Atome auflöst, d. h. flüssig wird. Umgekehrt ordnen sich in einer Schmelze unter dem Zwang innerer Kräfte die Atome zum Raumgitter an, wenn sie durch Abkühlung beim Erstarrungspunkt hinreichend unbeweglich geworden sind. Es kommt nun vor, daß bei weiterer Abkühlung ein solches Gitter bei irgendeiner Temperatur unterhalb des Schmelzpunktes sein inneres Gleichgewicht wieder verliert. Die Atome suchen dann innerhalb des festen Kristallkorns in einer anderen Gitterlage ein neues Gleichgewicht. Umgekehrt geht bei Erhitzung das letztere Gitter wieder in das erstere über. So wandelt sich z. B. reines Eisen während des Durchgangs durch 906° bei Erhitzung aus α- in γ-Eisen um, wobei das raumzentrierte Würfelgitter in das flächenzentrierte übergeht [14] und aus Ferrit Austenit entsteht. Solange die Umwandlung in der einen oder anderen Richtung andauert, bleibt die Temperatur stehen, die Temperatur hat einen Haltepunkt [19]. Die Umwandlung ist also ebenso wie Schmelzen bzw. Erstarren mit einer Änderung des Wärmeinhaltes verbunden.

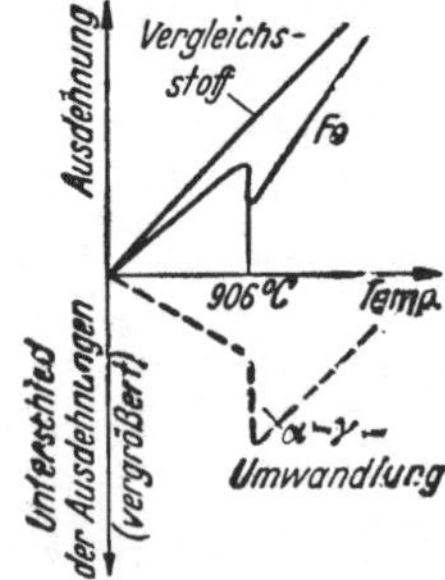

Abb. 69. Dilatometerkurve (gestrichelt) als Unterschied zweier Ausdehnungskurven (ausgezogen).

Im α-Eisen (Ferrit) befinden sich bei 906° im gleichen Rauminhalt weniger Atome als im γ-Eisen (Austenit). Beim α-γ-Übergang vergrößert sich also das spezifische Gewicht, bzw. es verringert sich der Rauminhalt des erhitzten Stücks, ein Stab z. B. verkürzt sich, obschon die Temperatur auf 906° stehenbleibt. Erhitzt man einen Stab und stellt seine Längenänderung fest, so wird er sich unterhalb 906° ausdehnen, beim Haltepunkt zusammenziehen und bei weiter steigender Temperatur wieder ausdehnen. Man kann die Lage des Haltepunktes sehr scharf bestimmen, wenn man den Unterschied der Wärmedehnung eines Prüfstabes gegenüber derjenigen eines zweiten Stabes bestimmt, der keine Umwandlungen erleidet und dessen Wärmedehnung möglichst wenig von derjenigen des Prüfstabes abweicht (z. B. bei Stahl Cr-Ni-Legierung) (Abb. 69). Das dazu benutzte Gerät heißt Dilatometer (Ausdehnungsmesser).

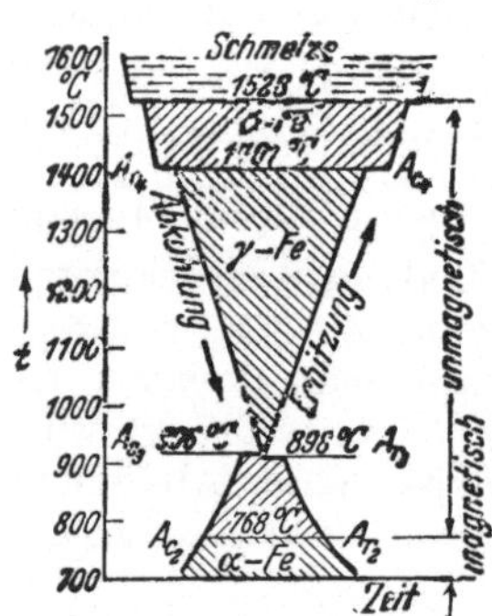

Abb. 70. Abkühlungs- und Erhitzungskurven von Fe mit Umwandlungen und Haltepunkten.

26. Weitere Umwandlungen im reinen Eisen. Unmittelbar nach dem Erstarren scheiden sich bei reinem Eisen α-Kristalle aus, die erst bei 1401° in γ-Eisen übergehen. Das zuerst entstehende α-Eisen nennt man δ-Eisen, zum Unterschied von dem später durch die γ-α-Umwandlung entstehenden. Diese erste Umwandlung nach dem Festwerden ist technisch weniger wichtig. Eine weitere Umwandlung, aber ohne Gitterumbau, geht bei 769° vor sich. Dabei wird das α-Eisen magnetisch. Das vorher bestehende unmagnetische α-Eisen nennt man β-Eisen. Um die Umwandlungen kurz zu kennzeichnen, beziffert man sie in der Richtung steigender Temperatur, und zwar mit 2 die magnetische, mit 3 die α-γ-, mit 4 die γ-δ-Umwandlung. Die Haltepunkte bezeichnet man mit A (von franz. arrêt = Anhalt, Halt). Man hat also die Haltepunkte A_2, A_3, A_4 (über A_1 s. [27]). Bei Erwärmung ermittelte Haltepunkte versieht man mit dem Weiser c (franz. chauffage = Erhitzung), also A_{c2}, A_{c3}, A_{c4}, bei Abkühlung bestimmte mit dem Weiser r (franz. refroidissement = Abkühlung), also A_{r2}, A_{r3}, A_{r4} (Abb. 70). Infolge der Trägheit der Umwandlung liegen die A_c-Werte oft etwas höher als die A_r-Werte. Die Haltepunkte kommen hier wie beim Schmelzen und Erstarren dadurch zustande, daß beim Übergang aus einem Gitter in das andere Wärme gebunden bzw. frei wird. Die Umwandlungen ändern alle physikalischen Eigenschaften, u. a. auch die mechanischen. Die Zugfestigkeit von Eisen z. B. nimmt im allgemeinen bei Erwärmung ab, steigt aber bei der A_{c2}- und A_{c3}-Umwandlung plötzlich wieder an (Abb. 71).

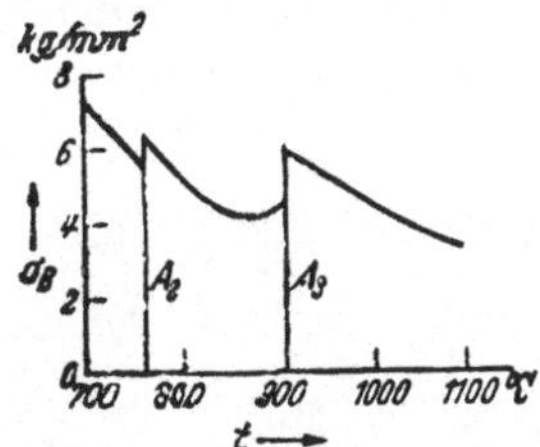

Abb. 71. Änderung der Zugfestigkeit von Fe bei A_2 und A_3.

27. Umwandlung der γ-Mischkristalle bei üblicher Abkühlungsgeschwindigkeit: Perlit. Das Raumgitter der γ-Mischkristalle, d. h. des Austenits, entspricht dem des γ-Eisens (Abb. 35), jedoch befindet sich bei einigen Zellen in der Mitte ein C-Atom (Abb. 72). So enthalten z. B. in einem weichen Flußstahl mit 0,15% C von 100 Austenitzellen etwa 3 je ein C-Atom. Im Höchstfalle, d. h. bei 1,7% C, befindet sich etwa in jeder dritten Zelle ein C-Atom. Solche γ-Mischkristalle können sich bei der Abkühlung erst in α-Eisen umwandeln, wenn sie sich in bestimmter Weise entmischt haben. Am längsten widerstehen sie der Umwandlung, wenn sie 0,89% C enthalten. In solchen Körnern bilden sich bei 721° (Haltepunkt) durch Entmischen Schichten, die abwechselnd C-frei bzw. bis auf 6,67% C angereichert sind, also aus Ferrit und Zementit bestehen. So entsteht streifiger Perlit (Abb. 10). Eine noch weitergehende Entmischung beginnt schon bei höheren Temperaturen, wenn der Austenit nicht gerade 0,89% C enthält. Bei geringerem C-Gehalt werden zunächst die überschüssigen Fe-Atome an die Korngrenzen gedrängt, wo sie Ferrit bilden (Abb. 13). Umgekehrt wandern bei höherem C-Gehalt die überschüssigen C-Atome an die Korngrenzen und geben dort Anlaß zur Bildung von Zementit (Abb. 14). Hat der Rest-Austenit einen Gehalt von 0,89% C erreicht, so wandelt er sich bei 721° in Perlit um. In der Reihe der Umwandlungen [26] bezeichnet man diese Umwandlung der γ-Mischkristalle in Perlit mit A_{r1}. A_{r1} liegt etwas unter, A_{c1} etwas über 721°. 721° ist die Gleichgewichtstemperatur. Da der Perlit sich ähnlich wie das Eutektikum Ledeburit bei einem Haltepunkt (721°), aber im festen Zustand bildet, nennt man ihn ein **Eutektoid**.

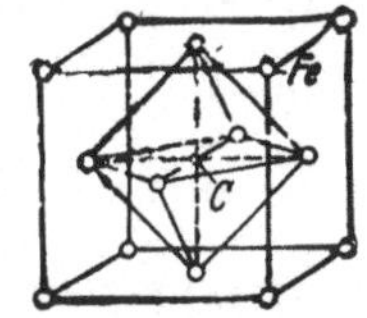

Abb. 72. Raumgitter von γ-Mischkristallen: flächenzentriertes Würfelgitter mit C-Atom in der Mitte.

Bei welchen Temperaturen die Umwandlungen beginnen und beendet sind, entnimmt man dem **Umwandlungsschaubild** (Abb. 73), das durchaus dem Erstarrungsschaubild (Abb. 67) entspricht. Oberhalb der **oberen Umwandlungsgrenze** sind die γ-Mischkristalle, also der Austenit, beständig, unterhalb der **unteren Umwandlungsgrenze** ist das aus Ferrit-Perlit bzw. Zementit-Perlit bestehende Gefüge beständig. Zwischen beiden Grenzen geht die Umbildung des Austenits vor sich, und zwar nicht bei einem **Umwandlungspunkt**, sondern innerhalb eines **Umwandlungsbereichs**. Die am Erstarrungsschaubild erläuterten Beziehungen über die Mengen an Gefügebestandteilen, die sich bilden, bleiben gültig. Eine Legierung von 0,25% C

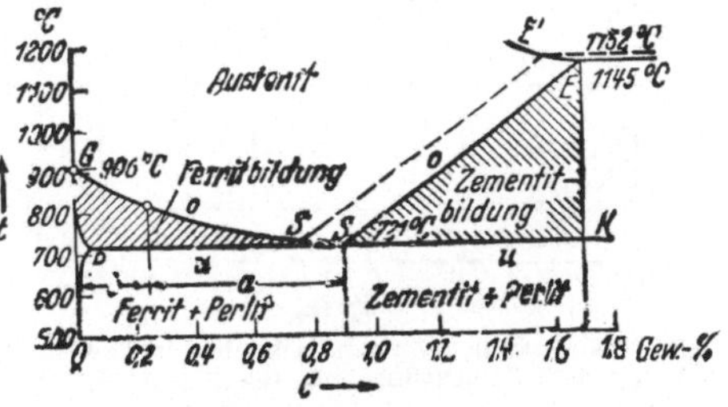

Abb. 73. Umwandlungsschaubild der Fe-C-Legierungen bis 1,7% C.

z. B. hat einen Ferritgehalt von 72% $[a/(a+b)$ in Abb. 73] und einen Perlitgehalt von 28% $[b/(a+b)$ in Abb. 73]. Dabei sind allerdings die sehr nahe an der t-Achse liegenden Linien GPQ nicht berücksichtigt (vgl. dazu [28]).

Den beschriebenen Vorgang der Austenitumwandlung kann man noch nachträglich am Gefüge von Stahl erkennen, der grobkörnig erstarrt ist und den Umwandlungsbereich so schnell durchlaufen hat, daß die Abscheidungen nicht völlig die Korngrenzen erreichten. Es zeigen sich dann an diesen sog. Bärte, die die Richtung der Wanderung angeben (Abb. 74). Ist die Erscheinung stark ausgeprägt, so sind die Körner ganz mit Abscheidungen durchsetzt, die auf ihrer Wanderung längs der Gitterebenen aufgehalten wurden (Abb. 75 u. 76). Solches Gefüge, das die Festigkeit und Dehnbarkeit verringert und besonders ungünstig bei Wechselbelastung ist, nennt man WIDMANNSTÄTTERsches Gefüge. Es wurde zuerst von dem Wiener Technologen WIDMANNSTÄTTER (1754···1849) bei Meteoreisen beobachtet, in dessen sehr groben Körnern die abgeschiedenen Eisen-Nickel-Kristalle sehr weite Wege zurückzulegen haben. Freilich sind die Entstehungsbedingungen dieses Gefüges noch nicht restlos erforscht.

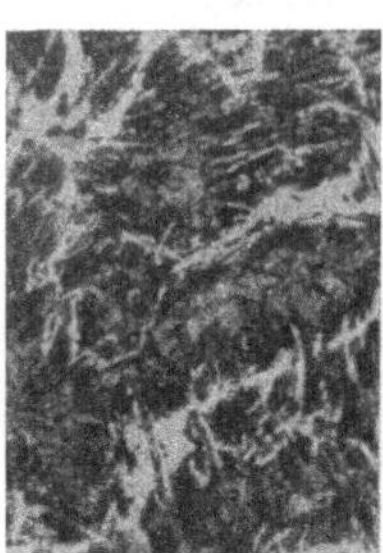
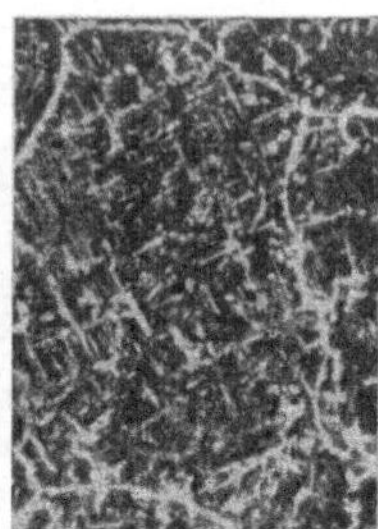
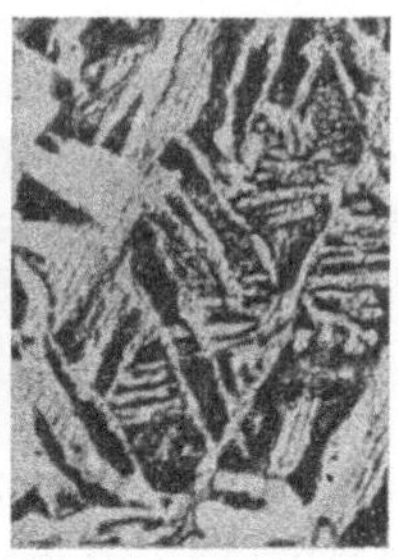

Abb. 74. V = 100. Abb. 75. V = 10. Abb. 76. V = 100.

Abb. 74. Perlit mit Zementitnetz. WIDMANNSTÄTTERsches Gefüge. Stark überkohlte Einsatzschicht mit 1,7% C (vgl. Abb. 14). — Abb. 75. Perlit mit Ferritnetz. WIDMANNSTÄTTERsches Gefüge. Grobkörniger Stahlguß. 0,3% C. $\varphi = 2\cdots 6$ mm². — Abb. 76. Perlit und Ferrit in WIDMANNSTÄTTERscher Anordnung. Durch Dauerbruch zerstörte Kurbelwelle. 0,4% C. $\sigma_B = 55$.

28. Das vollständige Fe-C-Zustandsschaubild. Die Kristallbildung aus der Schmelze und die Kristallumwandlungen im festen Zustand faßt man unter der gemeinsamen Bezeichnung: Zustandsänderungen zusammen. Entsprechend legt man das Erstarrungsschaubild (Abb. 67) und das Umwandlungsschaubild (Abb. 73) zusammen zum Fe-C-Zustandsschaubild (Abb. 77). Ein System [24], an dem, wie bei reinen Fe-C-Legierungen, zwei Stoffe beteiligt sind, nennt man ein Zweistoff- oder binäres System, im Gegensatz zu Einstoffsystemen (z. B. reines Eisen) und Dreistoff- oder ternären Systemen (z. B. Eisen-Phosphid-Eutektikum [24]). Darüber hinaus hat man auch noch Vierstoffsysteme usw. Beim Einstoffsystem ist es möglich, die Zustände in Abhängigkeit von Temperatur und Zeit darzustellen (Abb. 70). Bei Zweistoffsystemen braucht man eine Achse (die waagerechte) zur Darstellung der Zusammensetzung, z. B. des C-Gehaltes der Legierungen (Abb. 77). Die Zeit kann also hier nicht dargestellt werden, obschon sie Einfluß hat. Bei Dreistoffsystemen braucht man zwei Achsen zur Kennzeichnung der Zusammensetzung, z. B. C und Si in Gußeisen (Abb. 46). Will man die Abhängigkeit der

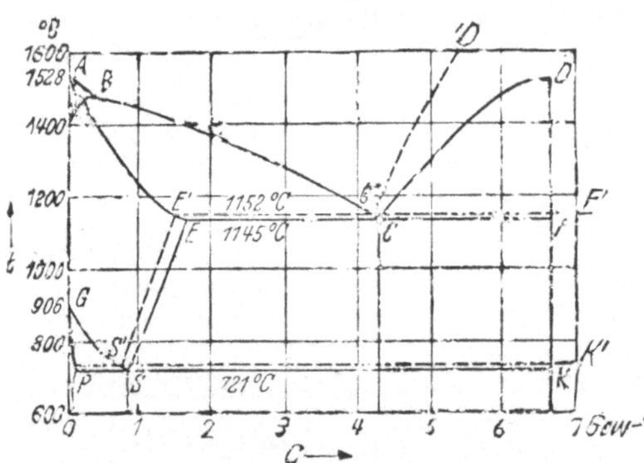

Abb. 77. Vollständiges Zustandsschaubild der Fe-C-Legierungen. Ausgezogen: Zementitsystem. Gestrichelt: Graphitsystem.

Zustände auch von der Temperatur darstellen, so braucht man ein räumliches Achsenkreuz. Eine solche Darstellung kann man im Modell verwirklichen oder durch Projektionen nach den Regeln der darstellenden Geometrie zeichnen. Bei mehr als drei Stoffen muß man sich auf noch andere Weise mit freilich unvollständigen Darstellungen behelfen [33].

Bestehen Zweistoffsysteme aus nahe verwandten Bestandteilen, wie z. B. Fe und Ni, so bilden sie meist in jedem beliebigen Mengenverhältnis miteinander Mischkristalle, da die Atome sich im Raumgitter ohne größere Störung gegenseitig ersetzen können. Weniger verwandte Legierungsbestandteile „mischen" sich meist nur in begrenzten Mengenverhältnissen, sie sind nur beschränkt ineinander löslich. In diesen Grenzen hat ihr Gefüge nur eine Kristallart, es ist homogen (griech. = gleichartig). Bei höheren Gehalten bilden sich mehrere getrennte Bestandteile, d. h. heterogenes Gefüge (griech. heterogen = verschiedenartig) [6]. Den Bereich, innerhalb dessen das Gefüge heterogen zusammengesetzt ist, nennt man eine Mischungslücke. Die Möglichkeit zur „Mischung" von C und Fe bei Raumtemperatur, d. h. zur Bildung von α-Mischkristallen, ist sehr gering. Die Grenze ihrer C-Gehalte ist durch die nahe der t-Achse verlaufende Linie *GPQ* (Abb. 73) dargestellt. Bei reinen Fe-C-Legierungen zieht sich demnach bei gewöhnlicher Temperatur die Mischungslücke fast über den ganzen Legierungsbereich hin. Doch können bei hohen Temperaturen, wie wir wissen, γ-Mischkristalle bestehen, und zwar innerhalb des Zustandsfeldes *AESG* (Abb. 77). Die Wirkung weiterer Legierungsbestandteile (Mn, Si, Ni usw.) auf dieses Feld ist für die Ausbildung des endgültigen Gefüges von großer Bedeutung [33].

C. Die Gefügeausbildung bei verschiedenen Abkühlungsgeschwindigkeiten und Legierungszusätzen[1].

29. Besondere Perlitarten: Sorbit, Troostit, körniger Perlit, Korngrenzenzementit. Nach dem Walzen, Schmieden, Glühen entsteht beim Haltepunkt A_{r1} in der Regel streifiger Perlit, der mittelschnellen Abkühlung entsprechend. Je mehr die Abkühlungsgeschwindigkeit gesteigert wird, desto dünner werden die Absonderungsschichten [27], desto tiefer sinkt auch die Umwandlungstemperatur A_{r1}. Schließlich verschwinden die Schichten vollständig, und es entsteht ein im geätzten Schliff gleichmäßig aussehendes, braunes, dunkles Gefüge: der Sorbit (Abb. 78b) [5]. Bei noch größerer Abkühlungsgeschwindigkeit zeigt sich ein schwarzer Gefügebestandteil, der Troostit (Abb. 78c), der den Zementit im Ferrit äußerst fein verteilt enthält und der bei der Ätzung noch stärker angegriffen wird als Sorbit. Dabei kann der Haltepunkt A_{r1} von 721° auf den erniedrigten Haltepunkt A_r' (600° und tiefer) heruntergehen (Abb. 84).

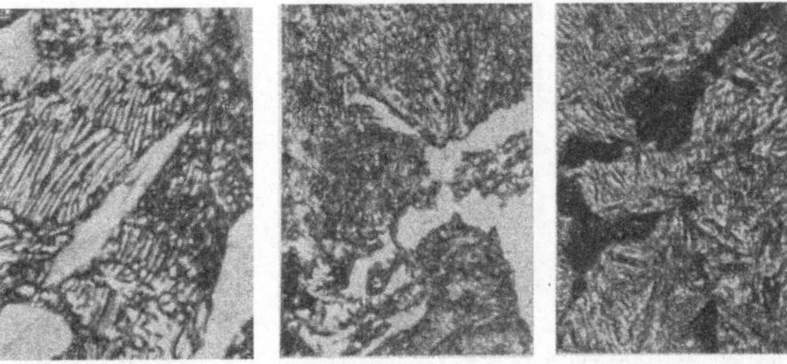

Abb. 78a. V = 1000. Abb. 78b. V = 1000. Abb. 78c. V = 1000.

Abb. 78a. Streifiger Perlit mit Ferrit. Stahl mit 0,65 % C. Von 830° an Luft abgekühlt. — Abb. 78b. Sehr feinstreifiger Perlit, in Sorbit übergehend, mit Ferritnetz (hell). Stahl wie Abb. 78a. Von 830° in Bleibad von 320° abgeschreckt. — Abb. 78c. Troostit (schwarz) mit Martensit. Stahl wie Abb. 78a. Von 830° in Öl abgeschreckt.

[1] Siehe auch Heft 7, Härten und Vergüten.

Umgekehrt werden die Streifen des Perlits breiter und kürzer, der Perlit „löst sich auf“, wenn man die Temperatur längere Zeit etwas unter dem Haltepunkt A_1 hält (Abb. 79 u. 114). **Nach** genügend langer Erhitzung und langsamer Abkühlung bildet der Zementit in einer Grundmasse aus Ferrit kleine kugelige Einschlüsse (Abb. 80): es entsteht k ö r n i g e r P e r l i t. Dies ist die weichste und dehnbarste Form des Perlits. Bei einem eutektoiden, also etwa zähharten Werkzeugstahl, ist bei streifiger Ausbildung des Perlits im Mittel $\sigma_B = 90$ kg/mm² und $\delta_{10} = 8\,\%$, bei körniger dagegen etwa $\sigma_B = 67$ kg/mm² und $\delta_{10} = 13\,\%$. Die beschriebene Art der Glühbehandlung nennt man W e i c h g l ü h e n. In Stahl mit geringem C-Gehalt kann sich unter Umständen bei Glühtemperaturen zwischen A_1 und A_3 der Perlit völlig auflösen. Sein Ferrit vereinigt sich mit den übrigen Ferritkörnern, während freie Zementitkörner übrigbleiben (Abb. 81), die manchmal dünne Korngrenzen (K o r n g r e n z e n z e m e n t i t) bilden oder sich schnürenförmig an den Korngrenzen lagern (S c h n ü r e n z e m e n t i t). Das Gefüge wird dadurch spröder und neigt unter Umständen beim Tiefziehen zum Aufreißen.

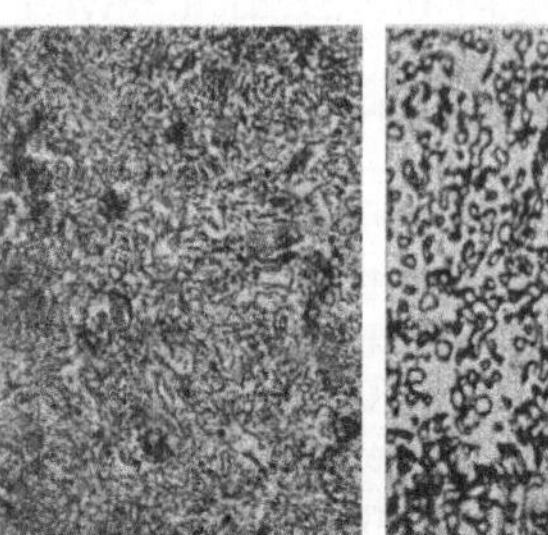
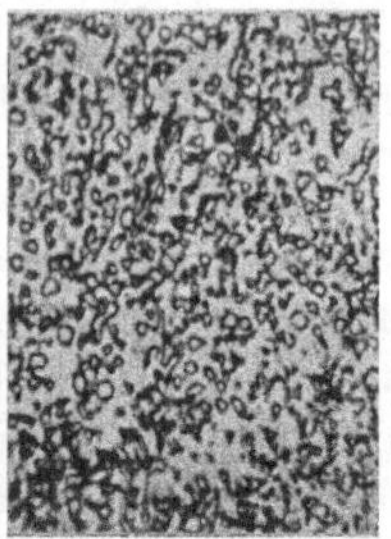
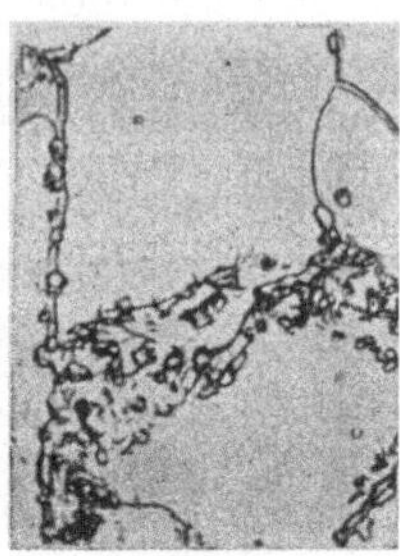

Abb. 79. V = 100. **Abb. 80. V = 500.** **Abb. 81. V = 500.**

Abb. 79. Perlit, in Auflösung begriffen. Eutektoider C-Werkzeugstahl, bei 680° geglüht, Luftabkühlung. — Abb. 80. Körniger Perlit. Stahl wie Abb. 79, bei 730° geglüht, Ofenabkühlung. — Abb. 81. Bildung von Schnüren- und Korngrenzenzementit aus Perlit. Dickwandiges Rohr mit 0,15 % C, monatelang zwischen 600 und 780° erhitzt.

30. Verhinderung der Perlitbildung = Abschreckhärtung: Martensit. Austenit. Kühlt man noch schneller ab, als zur Troostitbildung nötig ist, so wird die Perlitbildung schließlich völlig unterdrückt. Es entsteht ein nadeliges, sehr hartes Gefüge, M a r t e n s i t genannt (Abb. 36) [14]. Unter besonders günstigen Umständen kann das Gefüge sehr fein werden, so daß es im Mikroskop ohne nadeligen Aufbau (strukturlos) erscheint. Man nennt es dann wohl H a r d e n i t. Die Martensitkörner haben noch die vieleckige (polyedrische) Form der γ-Mischkristalle [14], aus denen sie entstanden sind. Man erkennt das besonders deutlich bei Stählen mit Zementit- oder Troostitnetz (Abb. 82 u. 83), das die Korngrenzen scharf zeichnet.

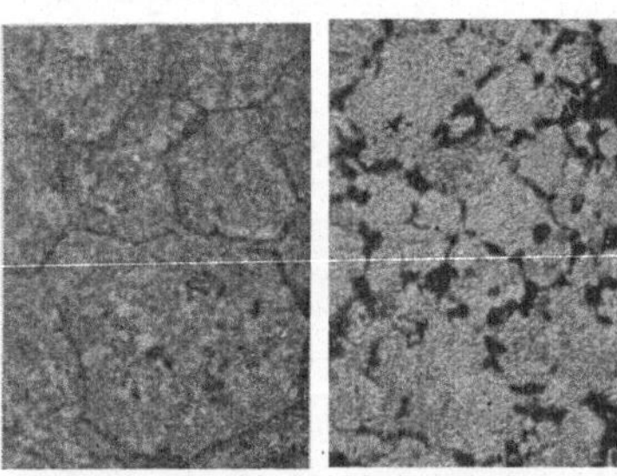

Abb. 82. V = 100. **Abb. 83. V = 100.**

Abb. 82. Martensitkörner mit Zementitnetz. Überhitzt eingesetzter ECN 35 (s. Abb. 117). — Abb. 83. Martensitkörner mit Troostitnetz (s. Abb. 78c).

Die Lage des Haltepunktes A_1 in Abhängigkeit von der Abkühlungsgeschwindigkeit (gemessen in Grad/s) zeigt ein S c h a u b i l d der Abschreckgefüge (Abb. 84). Es gilt für einen bestimmten Stahl, da die Geschwindigkeit der Umwandlung vom Gehalt an C und sonstigen Bestandteilen beeinflußt wird. Bei der k r i t i s c h e n A b k ü h l u n g s g e s c h w i n d i g k e i t tritt statt A_r' der neue, viel tiefer gelegene Haltepunkt A_r'' auf. Hierbei bildet sich Martensit. Da dieser magnetisch ist, hat das Eisen trotz der großen Abkühlungsgeschwindigkeit die γ-α-Umwandlung durchgemacht. Dagegen nimmt man vielfach an, daß die langsamer verlaufende Zementitbildung unterdrückt wurde. Die Kohlenstoffatome sind dann im α-Eisen,

d. h. im raumzentrierten Gitter (Abb. 35), als störende Einlagerungen geblieben. Es ist eine unnatürliche Mischkristallbildung erzwungen worden, die wenig beständig ist und sich bei geringer Erwärmung umbildet. Der Zwangszustand macht das Gefüge hart und spröde. Es gibt auch andere Erklärungsversuche für den noch nicht völlig erforschten Vorgang der Martensitbildung.

Zwischen A_r' und A_r'' gibt es ein Übergangsgebiet. Schreckt man innerhalb dieses Gebietes ab, so entsteht ein Netzwerk aus Troostit um die Martensitkörner (Abb. 83). Schreckt man noch schneller ab, also schneller als kritisch, bis zu Temperaturen, die etwas oberhalb der Linie der Martensitbildung liegen (Abb. 84), so bildet sich weder Perlit noch Martensit: der Austenit bleibt erhalten, der Stahl ist unmagnetisch und weich. Läßt man ihn dann langsam weiter erkalten, so wandelt sich der Austenit nachträglich in Martensit um, wie man an der allmählich zunehmenden Härte leicht feststellen kann (Stufenhärtung, Thermal- [Warm-] Härtung). Auch bei schroffem Abschrecken auf Raumtemperatur bleibt ein Teil des Austenits bestehen, und zwar um so mehr, je C-reicher der Stahl ist (Abb. 85). Legierungsbestandteile setzen die Umwandlungsgeschwindigkeit des Stahls herab, so daß gleiche Umwandlungen bei geringerer Abkühlungsgeschwindigkeit erreicht werden. Hierauf beruht es auch, daß die sog. naturharten oder selbsthärtenden Stähle hart werden, d. h. Martensit bilden, wenn sie langsam an der Luft abkühlen. Stähle, die man im austenitischen Zustand braucht, weil sie unmagnetisch, hochverschleißfest oder chemisch- bzw. hitzebeständig sein sollen, sind daher stets hochlegiert (Abb. 86).

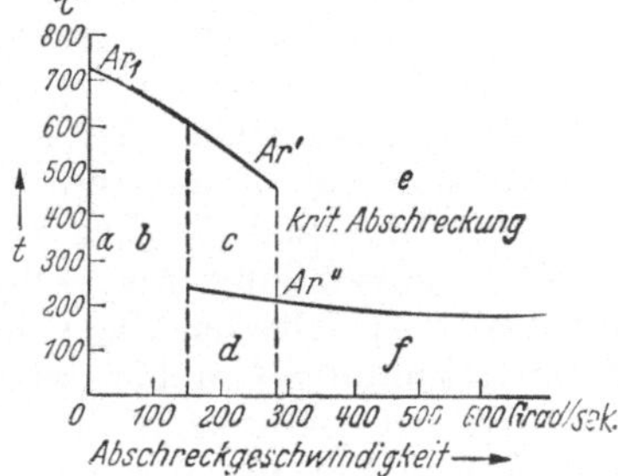

Abb. 84. Schaubild der Entstehungsbedingungen der Fe-C-Abschreckgefüge in Abhängigkeit von der Abschrecktemperatur t und der Abschreckgeschwindigkeit: a Perlit, b Sorbit, c Troostit und Austenit, d Troostit und Martensit, e Austenit, f Martensit und Austenit.

Wie schon erwähnt, sind Gefügeumwandlungen mit Ausdehnung oder Zusammenziehung verbunden, da die Atome des Raumgitters in neue Lagen, d. h. in kleinere oder größere Abstände voneinander kommen. Bei der Perlitbildung gehen zwei Umwandlungen nacheinander vor sich, die γ-α-Umwandlung, bei der sich der Stahl ausdehnt, und die Zementitbildung, bei der er sich wieder um einen gewissen Betrag zusammenzieht. Fehlt bei der Martensitbildung nach üblicher Annahme die Zementitbildung, so fehlt auch die zugehörige Zusammenziehung, so daß der Stahl nach dem Abschrecken mehr Raum einnimmt, als nach langsamem Erkalten. Eutektoider Stahl, der ja den größtmöglichen Perlitanteil hat, nimmt durch das Härten am meisten, d. h. um rund 1% an Rauminhalt zu. Vorübergehend wird die Ausdehnung während der Martensitbildung noch größer, weil Austenit eine fast doppelt so große

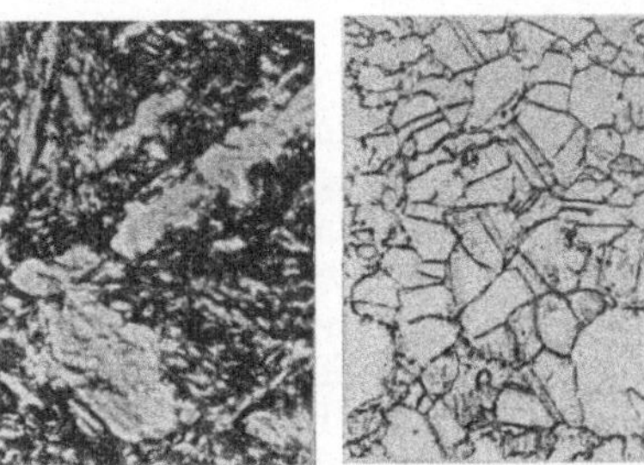

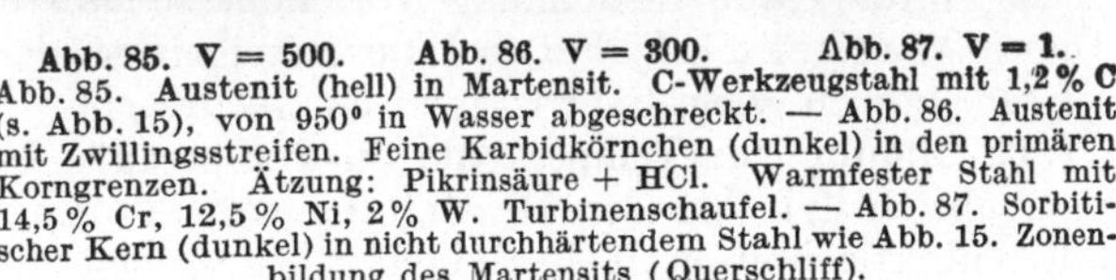

Abb. 85. V = 500. Abb. 86. V = 300. Abb. 87. V = 1.
Abb. 85. Austenit (hell) in Martensit. C-Werkzeugstahl mit 1,2% C (s. Abb. 15), von 950° in Wasser abgeschreckt. — Abb. 86. Austenit mit Zwillingsstreifen. Feine Karbidkörnchen (dunkel) in den primären Korngrenzen. Ätzung: Pikrinsäure + HCl. Warmfester Stahl mit 14,5% Cr, 12,5% Ni, 2% W. Turbinenschaufel. — Abb. 87. Sorbitischer Kern (dunkel) in nicht durchhärtendem Stahl wie Abb. 15. Zonenbildung des Martensits (Querschliff).

Wärmedehnung hat wie Ferrit. Bei der Abkühlung auf A_r'' zieht sich der Stahl als Austenit, d. h. sehr stark zusammen, so daß er vor der Umwandlung trotz der hohen Temperatur weniger Raum einnimmt, als wenn er langsam auf Raumtemperatur erkaltet wäre. Bei der Martensitbildung muß sich daher das entstehende α-Eisen so weit wieder ausdehnen, wie seiner geringeren Wärmedehnung entspricht. Gleichzeitig findet die mit der Raumgitteränderung verbundene Ausdehnung statt. Das führt zu starken inneren Spannungen sowie zu Verzerrungen und unter Umständen zu Rissen. Im Innern des Stücks ist die Abkühlungsgeschwindigkeit naturgemäß kleiner als außen. Bei gewöhnlichen, nicht durchhärtenden Stählen macht daher der Kern die Perlitumwandlung durch, er wird sorbitisch (Abb. 87) und dehnt sich weniger aus als der Rand infolge der hier stattfindenden Martensitbildung. Die dadurch entstehenden Spannungen beeinflussen die Bildung des Martensits, der dadurch zonig wird (Abb. 87). Zudem hat der Rand die Neigung, vom Kern abzureißen.

31. Umwandlung der γ-Mischkristalle im Grauguß. Im Eisen-Graphit-System [24] scheiden die γ-Mischkristalle nach beendeter Erstarrung bei weiterer Abkühlung Graphit (sekundär) aus, bis ihr C-Gehalt auf etwa 0,8% abgesunken ist (längs $E'S'$ in Abb. 77). Der Rest wandelt sich dann, genügend langsame Abkühlung vorausgesetzt, in ein Gefüge um, in dem Ferrit und Graphit fein gemengt sind, in Ferrit-Graphit-Eutektoid [17]. Dieselbe Umwandlung erfahren gleichzeitig die Mischkristalle, die in dem bei 1152° erstarrten Graphit-Eutektikum enthalten sind. Dann haben sich im Gefüge Fe und C, d. h. Ferrit und Graphit, völlig getrennt. Der Graphit ist im allgemeinen um so feiner, bei je niedrigerer Temperatur er abgeschieden wurde. Die völlige Trennung von Fe und C kommt freilich praktisch sehr selten vor und ist in noch selteneren Fällen erwünscht, da solcher Guß sehr weich ist. Allerdings ist das Gefüge gegenüber langer und hoher Erhitzung sehr beständig, daher z. B. für Glasformen, die mechanisch nicht sehr stark beansprucht sind, gut brauchbar.

Meist wandeln sich bei Grauguß die eutektoiden Mischkristalle nach dem Zementitsystem in Perlit um, was man der günstigen mechanischen Eigenschaften halber oft erstrebt (Abb. 44). Die während der Erstarrung in der Schmelze durch Graphitkeime entkohlten Mischkristalle [24] bilden Ferrit (Abb. 43). Solcher Guß ist aber weniger hitzebeständig als völlig nach dem Eisen-Graphit-System erstarrter, da schon von verhältnismäßig niedrigen, aber lange einwirkenden Temperaturen an (250°) der im Gefüge noch enthaltene Zementit zerfällt und Graphit bildet. Dieser schließt sich an die vorhandenen Graphitblättchen an und vergrößert sie. Dadurch wird das Gefüge lockerer und gestattet dem Sauerstoff den Zutritt, der oxydierend wirkt. Beide Vorgänge, Graphit- und Oxydbildung, gehen unter Raumausdehnung vor sich, so daß die Gußstücke größer werden. Dieses Wachsen [24] hat bei der Steigerung der Dampftemperaturen in den letzten Jahren viele Schwierigkeiten verursacht.

32. Bildung von Temperkohle im Temperguß. Den Zerfall des Zementits führt man absichtlich bei der Herstellung von Temperguß herbei. Die meist aus untereutektischem, weißem Roheisen gegossenen Stücke werden in Töpfen mehrere Tage lang zwischen 850 und 950° geglüht oder unter Umständen kürzere Zeit bei teilweise höheren Temperaturen. Dabei wird der Zementit ganz oder zum Teil zersetzt, so daß sich Graphit in kugeligen Nestern als sog. Temperkohle ausscheidet (Abb. 88). Ist aller Zementit zersetzt, so ist die Temperkohle in Ferrit, sonst in Perlit oder gelegentlich stellenweise in Ferrit oder Perlit eingebettet (Abb. 47). Packt man die Gußteile beim Tempern in Sauerstoff abspaltende Mittel (Roteisenerz $= Fe_2O_3$), so entzieht der Sauerstoff dem glühenden Gußstück C und entweicht mit diesem als Kohlenoxydgas (CO). Die Oberfläche wird dadurch rein ferritisch (Abb. 89). Durchgreifend entkohlter Temperguß sieht im Bruch weiß aus: weißer Temperguß (deutsch), nicht entkohlter dunkel: schwarzer Temperguß (amerikanisch). Der letztere wird auch, wenn seine Oberfläche durch die Wirkung der Luft entkohlt ist, infolge des hellen Bruchrandes als Schwarzkernguß bezeichnet.

Temperkohle findet man auch gelegentlich in dickwandigen, langsam abgekühlten Gußstücken. Die Kügelchen sind dann von Ferrithöfen umgeben (Abb. 68). Der Guß wird dadurch weich und bekommt ungünstige mechanische Eigenschaften.

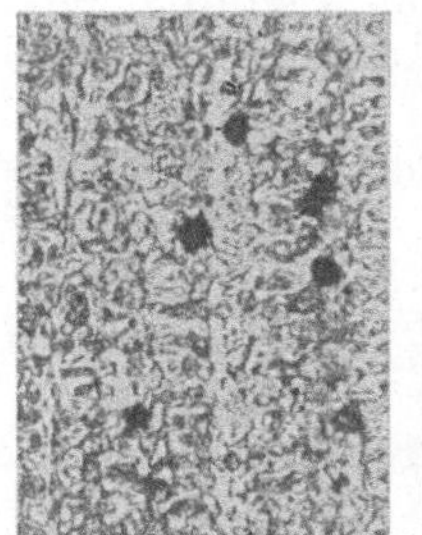

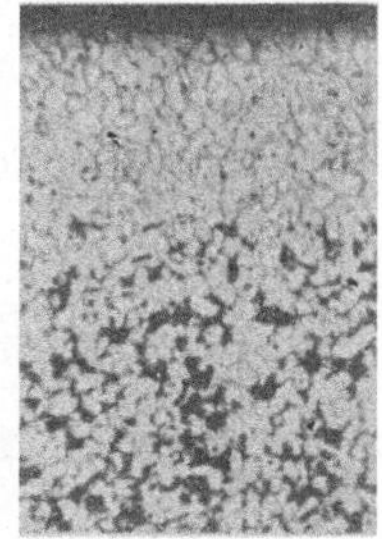

Abb. 88. V = 100. Abb. 89. V = 50.
Abb. 88. Temperkohle (schwarze Punkte) in Ledeburit. Unfertiger Temperguß. — Abb. 89. Ferritrand (oben hell) in Temperguß. Unten: Ferrit mit Perlit. Sogenannter weißer Temperguß.

33. Der Einfluß von Zusatzbestandteilen auf das Fe-C-Zustandsschaubild. Legierter Grauguß. Sonderstähle. Wie man sich mit verhältnismäßig einfachen Darstellungen der Gefügezustände bei Drei- und Mehrstoffsystemen praktisch helfen kann, sei an wenigen Beispielen erläutert. Ein solches lernten wir schon in den Abb. 23 und 46 kennen. Sie stellten den Einfluß dar, den gewisse Bestandteile auf das gewöhnliche Fe-C-Gefüge haben. Einer der wichtigsten Bestandteile neben C ist Si. Sein Einfluß ist in Abb. 90 durch eine Folge von Fe-C-Schaubildern für bestimmte Si-Gehalte dargestellt. Alle Gefügebestandteile werden durch wachsenden Si-Gehalt zu niedrigeren C-Gehalten verschoben. Daher ist das in Abb. 42 dargestellte Roheisen trotz des verhältnismäßig geringen C-Gehaltes von 3,8% übereutektisch (4% Si). Das Feld der γ-Mischkristalle wird durch Si stark eingeengt, wobei die A_3-Umwandlung zu höheren Temperaturen verschoben wird.

Abb. 90. Einfluß von Si auf das Fe-C-Zustandsschaubild.

Nickel verschiebt ebenfalls die ES-Linie nach links, verlegt aber die Perlit-

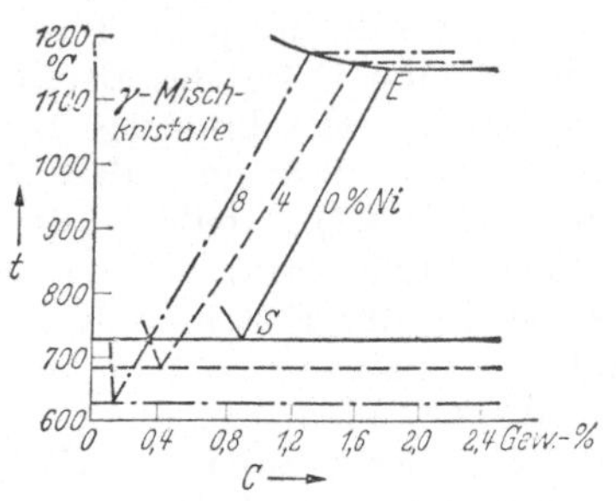

Abb. 91. Einfluß von Ni auf das γ-Feld.

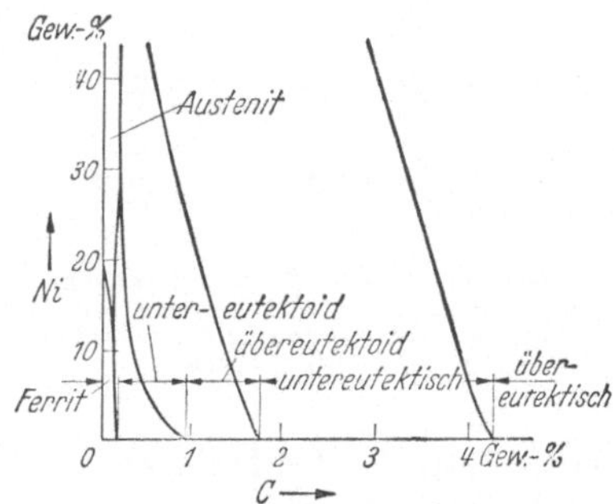

Abb. 92. Gefügefelder von Fe-C-Ni-Legierungen (vgl. Abb. 40).

umwandlung zu niedrigeren Temperaturen (Abb. 91). Eine vollständigere Übersicht über den Einfluß von Nickel bietet Abb. 92, die nach Art der Abb. 23 gezeichnet ist, indem unter Verzicht auf die Darstellung der Temperaturen die

Gefügearten in Abhängigkeit vom C- und Ni-Gehalt durch Kurven voneinander getrennt wurden. Die Gefügearten sind zwar nach denen der reinen Fe-C-Legierungen benannt, sie sind diesen auch ähnlich, aber vielfältiger zusammengesetzt. Die beim Erstarren entstehenden Mischkristalle sind ternär, d. h. aus Fe-, C- und Ni-Atomen gebildet. Unter den entstehenden Karbiden befinden sich auch Ni-Karbide (Ni_3C). Abb. 92 gilt sinngemäß auch für das Eisengraphitsystem. Demnach wird die Ausscheidung von Graphit im Gußeisen durch Ni nach niedrigeren C-Gehalten verschoben, also, ähnlich wie durch Si, gefördert. Im Ni-Gußeisen ist aber neben C und Ni noch als Hauptbestandteil Si enthalten. C, Ni und Si bilden mit Fe zusammen ein Vierstoffsystem. Unter der Voraussetzung, daß derartiger Guß 2···3% C enthält, kann man den Einfluß von Si und Ni auf die sich bildenden Gefügearten wiederum nach der Art der Abb. 92 durch Kurven darstellen, die wenigstens in großen Zügen die Hauptbestandteile voneinander trennen (Abb. 93). Demnach bildet sich bei mäßigen Gehalten an Ni und Si (je etwa 5%) ein perlitisches Grundgefüge aus. Bei steigendem Ni-Gehalt entsteht ein hauptsächlich martensitisches Grundgefüge, das sehr hart ist (Laufbüchsen, Zahnräder), bei mehr als 18% Ni ein γ-Mischkristall aus Fe, C, Si und Ni, also eine Art Austenit. Das bedeutet, daß das γ-Feld unter die Raumtemperatur heruntergezogen wird (vgl. Abb. 91). In der Grundmasse ist eutektischer, sekundärer und eutektoider Graphit eingebettet [24].

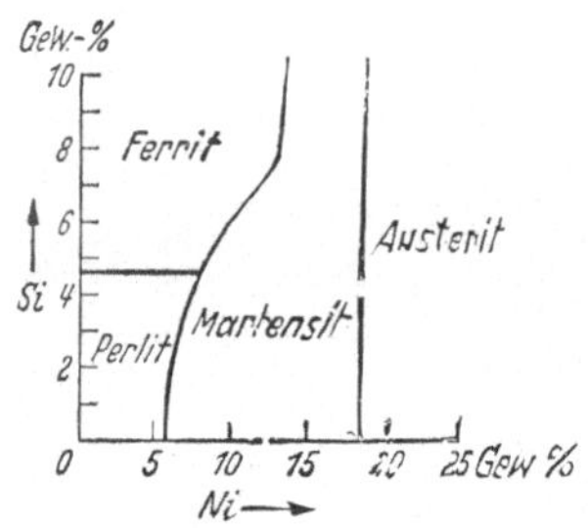

Abb. 93. Gefügefelder von Fe-C-Ni-Si-Legierungen mit 2···3% C (Nickel-Gußeisen).

Durch Hinzulegieren von Chrom zu Ni-haltigen Fe-C-Legierungen kommt man zu der sehr wichtigen und vielseitigen Gruppe der Chromnickelstähle. Da ihr C-Gehalt im Gegensatz zu den im vorigen behandelten Gußeisenarten nur gering ist (0,1···0,3%), so kann man ihre Hauptgefügearten in einem Schaubild für das Dreistoffsystem Fe-Ni-Cr darstellen. Man trägt in einem solchen Falle häufig die drei Bestandteile auf den Seiten eines gleichseitigen Dreiecks von der Seitenlänge 100% auf und wählt für jeden Bestandteil als Nullpunkt eine Ecke des Dreiecks, so daß die Richtung zunehmender Bestandteile im gleichen Sinne um das Dreieck herumläuft (Abb. 94). Jeder Punkt der Dreiecksfläche stellt dann drei zusammengehörige Gehalte der Bestandteile dar, die sich zu 100% ergänzen (z. B. Punkt P in Abb. 94: 20% Fe, 30% Ni, 50% Cr). Jeder Punkt einer Seite des Umfangs kennzeichnet die Zusammensetzung eines Zweistoffsystems, da hier derjenige Bestandteil nicht vorhanden ist, der an der gegenüberliegenden Ecke des Dreiecks 100% erreicht. Zum Beispiel stellt der Punkt Q in Abb. 94 eine Legierung mit 20% Fe und 80% Cr dar. Jeder Eckpunkt des Dreiecks stellt einen der drei reinen Bestandteile Fe, Ni, Cr dar. Auch hier werden die verschiedenen Gefügebestandteile durch Kurven voneinander getrennt, zwischen denen es freilich Übergänge gibt, die auch vom C-Gehalt und sonstigen

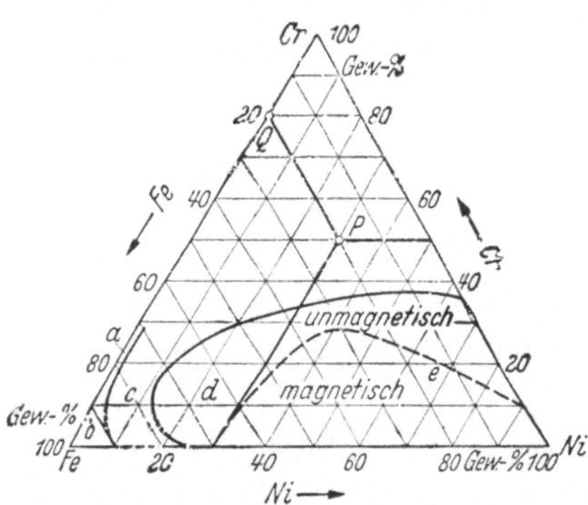

Abb. 94. Gefügefelder von Fe-C-Ni-Cr-Legierungen mit geringem C-Gehalt (Cr-Ni-Stähle). *a* Ferrit, *b* Perlit (s. Abb. 116), *c* Martensit, *d* Austenit (s. Abb. 86), *e* Ni-Cr-Legierungen.

Bestandteilen abhängen. In der Fe-Ecke (links unten) liegen die Cr-Ni-Stähle für Einsatz und Vergütung, nach rechts oben folgen zunächst die korrosions- und hitzebeständigen Stähle, die teils martensitisch, teils austenitisch benutzt werden (Abb. 86). Stähle mit hohem Cr- und niedrigen Ni-Gehalten haben ferritisches Grundgefüge. Bei allen Stählen mit höherem Cr-Gehalt finden sich in den Körnern des Grundgefüges oder an ihren Grenzen kleine Karbidkörnchen. Bei höheren Ni-Gehalten wird der Austenit magnetisch (s. gestrichelte Linie in Abb. 94). Daher ist Invar (Abb. 32) magnetisch. Diese Legierungen können aber nicht mehr als Stähle bezeichnet werden, sie führen in das Gebiet der eisenarmen Cr-Ni-Legierungen (*e* in Abb. 94), die wegen ihrer großen Beständigkeit gegen chemische Angriffe und Erhitzung bei hoher Festigkeit (60···80 kg/mm²) und Dehnbarkeit (20···25%) bekannt sind.

D. Gefügeänderungen durch Kalt- und Warmverformen, Glühen und Anlassen.

34. Kaltverformung. Ermüdung. Korrosion. Sehr häufig wird Stahl bei der Verarbeitung kalt geformt, z. B. beim Biegen von Kesselschüssen, Tiefziehen von Hohlkörpern, Kaltwalzen von Blechen und Bandeisen, Drahtziehen, Verstemmen von Nietungen, Scherenschnitten usw. Zahlenmäßig kennzeichnet man den Grad der Verformung durch die erfolgte Streckung bzw. Stauchung oder meist durch die Querschnittsabnahme beim Ziehen, Walzen usw. Im Kristallgefüge bewirkt sie entweder mechanische Zwillingsbildung oder Gleiten von Schichten längs

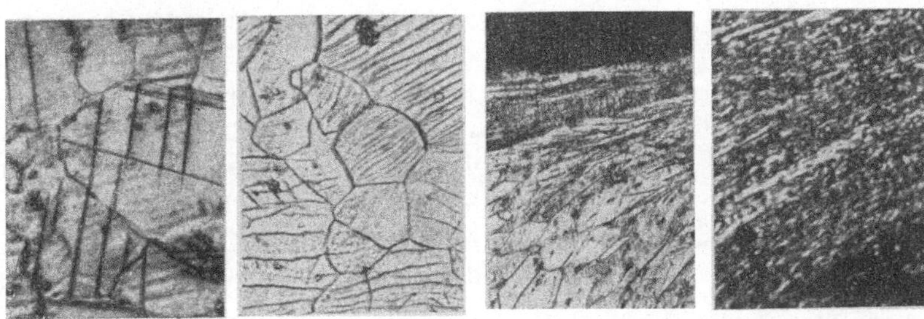

Abb. 95. V = 300. Abb. 96. V = 300. Abb. 97. V = 100. Abb. 98. V = 300.

Abb. 95. Gerade Gleitlinien in Ferrit. Nähe von Hammerschlägen in gerissenem Kesselblech ($\sigma_B = 38$). — Abb. 96. Gekrümmte Gleitlinien in Ferrit. Nähe eines Kugeleindrucks in Platine ($\sigma_B = 34$). — Abb. 97. Kornverzerrung in Ferrit. Scherenschnittkante (oben) von Armcoblech ($\sigma_B = 20$). — Abb. 98. Starke Kornverzerrung in Ferrit. Stemmriefe (rechts unten) in Behälterblech ($\sigma_B = 34$).

bestimmter Gitterebenen (Abb. 34). Im Schliffbild erkennt man den Beginn der Verformung an Streifungen der Körner, die in jedem Korn eine bestimmte, von der Raumgitterlage abhängige Richtung haben (Abb. 95). Im Anfang der Verformung sind die wenigen Gleitlinien gerade; bei zunehmender Verformung werden sie zahlreicher und gekrümmt (Abb. 96); sodann verzerren sich die Körner, um sich schließlich in schmale, nadelige Streifen aufzuteilen (Abb. 97 u. 98).

Dieser Vorgang bedeutet keine Zerstörung des Korns, wohl aber ein allmähliches Aufzehren der Verformungsfähigkeit. Zerreißt man einen kaltverformten Stab, so findet man seine Bruchdehnung gegenüber der ursprünglichen verringert. Dagegen erfordert die Weiterverformung durch Zugbeanspruchung eine um so größere Kraft, je weiter die Verformung getrieben war: Streckgrenze und Zerreißfestigkeit werden gesteigert, die Dehnbarkeit verringert (Abb. 99). Da auch die Kugeldruckhärte mit der Verformung zunimmt, bezeichnet man den Vorgang als **Kalthärtung**. Sie beruht wahrscheinlich auf in gewissem Sinne ähnlichen Zuständen des Raumgitters wie die **Abschreckhärtung**, bei der unter starker Gleitlinienbildung Martensit entsteht. Die Abhängigkeit zwischen Festigkeit und Dehnbarkeit ist beim Abschrecken aus verschiedenen Temperaturen daher auch ganz ähnlich wie beim Kalthärten, nur ist die Wirkung beim Abschrecken durchgreifender und führt zu äußersten Werten der Festigkeitssteigerung und Dehnungsverringerung (Abb. 100).

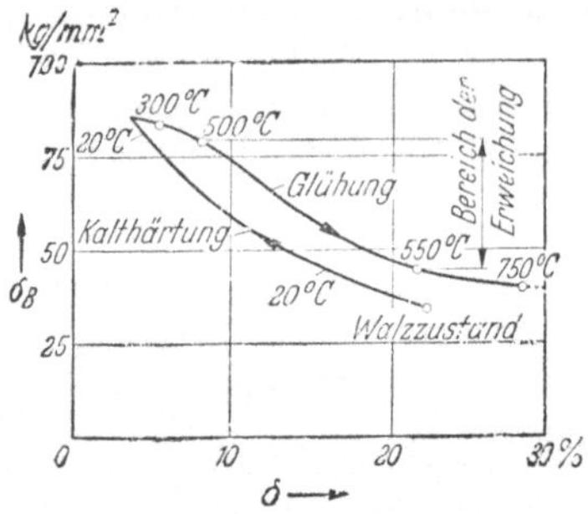

Abb. 99. Härtung durch Kaltverformen und Erweichung durch Glühen. Beziehung zwischen σ_B und δ.

Im Schliff erscheinende Kornverzerrungen lassen häufig einen Schluß auf das Herstellungsverfahren zu. Zum Beispiel zeigen kalt hergestellte Rohrbogen der Verformung entsprechend außen Streckung, innen Stauchung der Körner (Abb. 99). Sie sind weniger dehnbar als warm hergestellte Rohrbogen (Abb. 102 u. 103). Aus den Kornverzerrungen kann man zahlenmäßig die Größe der Kaltverformung bestimmen. Hat ein Korn nach dem Glühen die allseits gleichen Abmessungen a, nach Kaltverformung in drei aufeinander senkrechten Richtungen die Abmessungen a_1, a_2, a_3 (Abb. 104), so ist $a^3 = a_1 a_2 a_3$, da die Verformung den Rauminhalt des Korns nicht ändert. Es ist also die **Streckung** in der Richtung 1 gegeben durch den Ausdruck $\alpha_1 = a_1/a = \sqrt[3]{a_1^2/a_2 a_3}$. Die **Querschnittsänderung** in der zu 1 senkrechten Richtung ist gegeben durch $\beta_1 = a_2 a_3/a^2 = 1/\alpha_1$. Zählt man in den drei Richtungen auf der gleichen, sonst beliebigen Länge n_1, n_2 und n_3 Körner (zwei aufeinander senkrechte Schliffe erforderlich), so ist $n_1 a_1 = n_2 a_2 = n_3 a_3$, also $\alpha_1 = \sqrt[3]{n_2 n_3/n_1^2}$.

Abb. 100. Härtung durch Abschrecken und Erweichen durch Anlassen. Beziehung zwischen σ_B u. δ.

Weitgehende, freilich örtlich begrenzte Kaltverfor-

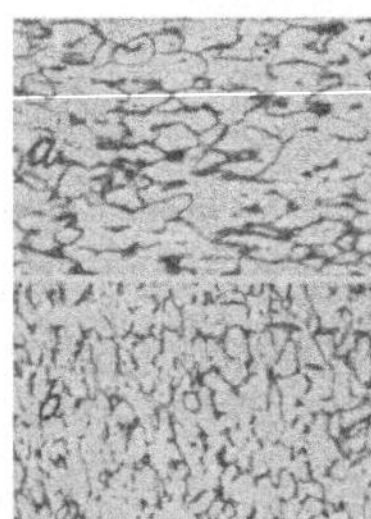

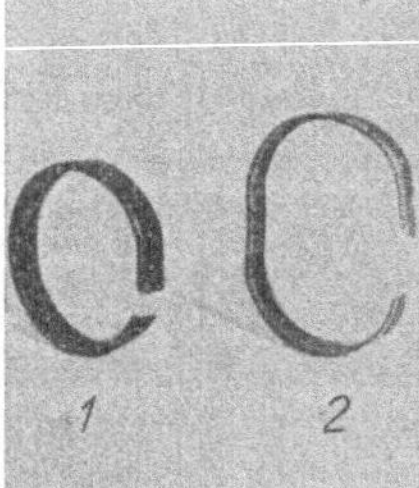

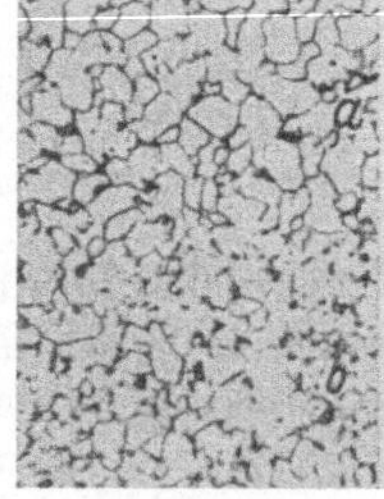

Abb. 101. V = 100. Abb. 102. V = 1/5. Abb. 103. V = 100.
Abb. 101. Kornverzerrung in kalt hergestellten Rohrbogen (s. *1* in Abb. 102), *a* außen, gestreckt, *b* innen, gestaucht. — Abb. 102. Ringförmige Zugproben, aus Rohrbogen ausgeschnitten (58 mm Durchmesser, s = 2,6 mm), *1*. kalt hergestellt, σ_B = 59, Dehnung des Umfangs = 0,8 %, *2*. warm hergestellt, σ_B = 40, Dehnung des Umfangs = 10 %. — Abb. 103. Unverzerrtes Korn in warm hergestelltem Rohrbogen (*2* in Abb. 102), *a* außen, *b* innen.

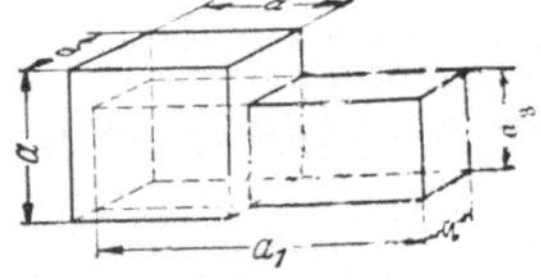

Abb. 104. Schema eines nach allen Richtungen gleichmäßigen Korns ($a \cdot a \cdot a$), einseitig gestreckt auf $a_1 \cdot a_2 \cdot a_3$.

mung ist auch die Ursache der sog. **Dauerbrüche**[1]. Tritt in einem Bauteil an einer ungünstig gelegenen Stelle, etwa in einem Kerb, einer Drehriefe, einem Schleifriß, die vielleicht schon oberflächlich kalt verformt waren, eine starke

[1] Näheres s. Heft 34, Werkstoffprüfung.

Spannungsspitze auf, wobei die mittlere Spannung im übrigen Querschnitt nur mäßig zu sein braucht, so beginnt die Kaltverformung zunächst in wenigen Körnern, wird immer stärker und kann bei genügend häufigem Spannungswechsel bis zum Anbruch fortschreiten. Darauf setzt sich der Vorgang, den man Ermüdung nennt, in einer benachbarten Zone von Körnern fort, bis der Dauerbruch von Zone zu Zone so tief eingedrungen ist, daß der Restquerschnitt mit Gewalt bricht. Die einzelnen Zonen erkennt man im Bruch an den sog. Rastlinien, die bei geringerer Überbeanspruchung eng zusammenliegen, bei größerer jedoch weit auseinander (Abb. 105). Grobes Korn (Abb. 110), Widmannstättensches Gefüge (Abb. 76), Fremdeinschlüsse (Abb. 28) u. ä. begünstigen den Dauerbruch.

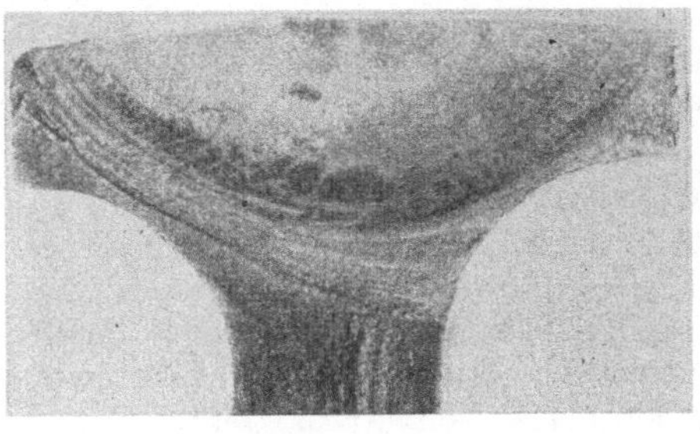

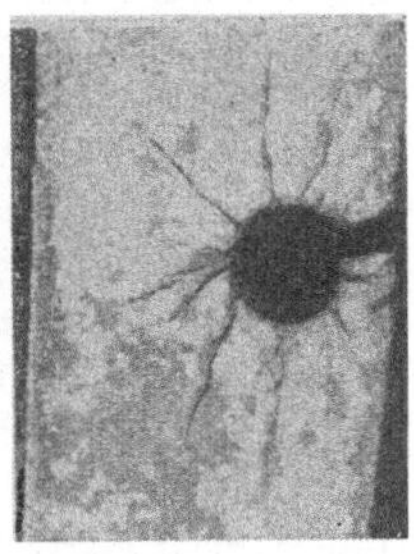

Abb. 105. V = 1. Abb. 106. V = $^1/_3$.

Abb. 105. Dauerbruch einer Lastwagenachse mit I-Querschnitt (oberer Flansch), Bruchbeginn oben Mitte, in Schleifrissen. Bogenförmige Rastlinien bis zum Steg. Vergüteter Cr-Ni-Stahl. — Abb. 106. Auskorrodierung sternförmiger Streifen, die beim Aufweiten des Stehbolzenlochs kalt verformt wurden. Rohrwand eines Schiffskessels.

Durch die Kaltverformung ändern sich nicht nur die mechanischen Eigenschaften, Elastizitätsmodul, Festigkeit, Dehnbarkeit usw., sondern alle übrigen physikalischen und chemischen Eigenschaften. Besonders wichtig ist, daß durch Kaltverformung die Korrosion, vor allem die elektrolytische, gefördert wird. Taucht man ein Metallstück in ein Lösungsmittel, so wandern elektrisch geladene Metallatome (Ionen) mit geringerem oder größerem Bestreben in die Lösung. Das Metall wird dabei elektrisch. Zwischen zwei verschiedenen, in die gleiche Lösung tauchenden Metallen besteht ein größerer oder kleinerer Spannungsunterschied, der einen Strom erzeugt, wenn die beiden Metalle leitend verbunden sind (galvanisches Element). Dieser befördert die elektrisch geladenen Atome des stärker löslichen Metalls durch die Lösung zum weniger löslichen, baut also das löslichere Metall ab, korrodiert es. Geringe Löslichkeit ist eine Eigenschaft der edlen Metalle. Das löslichere Metall ist also das unedlere. Kaltverformtes Eisen ist unedler als nichtverformtes; berühren sich Zonen beider innerhalb einer Lösung, z. B. Kesselspeisewasser, so werden die kaltverformten Zonen auskorrodiert (Abb. 106).

35. Entspannendes Glühen, Anlassen, Vergüten. Nach beendigter Kaltverformung federt das Werkstück in eine Gleichgewichtslage zurück, die durch innere Spannungen aufrechterhalten wird. Über diese Spannungen, die in größeren Bereichen gesetzmäßig verlaufen, lagern sich solche, die sich von Korn zu Korn sprunghaft und regellos ändern. Sie rühren von der Verformung der einzelnen Körner her, die sich nach der zufälligen Raumgitterlage richtet. Das kommt daher, daß benachbarte Körner sich verschieden zu verformen suchen, so daß sie Kräfte aufeinander ausüben, die auch federnde Verzerrungen der Körner zur Folge haben. Nach Beendigung der Verformung suchen die einzelnen Körner zurückzufedern, wobei infolge der Gegenwirkung der benachbarten Körner der obenerwähnte unregelmäßige Spannungszustand entsteht.

Aus diesem Spannungszustand sucht das Gefüge herauszukommen. Man kann es darin unterstützen, indem man durch Erhitzen die Atome beweglicher macht. Je höher man genügend lange erhitzt, desto mehr gleichen sich die Spannungen aus. War die Kaltverformung sehr stark, so beginnt die Entspannung schon bei wenig erhöhter, vielleicht schon bei gewöhnlicher Temperatur (Nachwirkung). Dabei nehmen Festigkeit und Härte wieder ab, die Dehnbarkeit zu. Der Vorgang schreitet aber nicht gleichmäßig mit steigender Temperatur fort, sondern setzt allmählich ein, schreitet dann in einem engen Temperaturbereich stark fort, um nachher allmählich auszuklingen (Abb. 99). Dann ist die Erweichung oder Entspannung oder Kristallerholung beendet. Nach diesem Ausglühen sind Festigkeit und Dehnbarkeit zusammengenommen immer günstiger als bei irgendeinem Zustand der Kalthärtung, da die Kurve der Erweichung stets oberhalb derjenigen der Kalthärtung verläuft. Im Gefüge läßt sich die Entspannung zunächst nicht erkennen, die Streckung der Körner bleibt bestehen, es zeigen sich aber im Bereich der starken Erweichung Spuren beginnender Kornneubildung [36].

Ein ähnlicher Vorgang ist das Anlassen von gehärtetem Stahl, d. h. ein dem Abschrecken folgendes Erhitzen, und zwar auf geringere Temperaturen bei Werkzeugen, auf höhere bei hochbeanspruchten Bauteilen. Das letztere Verfahren nennt man Vergüten, weil auch hier günstigere σ_B-δ-Werte erreicht werden als durch Abschrecken allein (Abb. 100). Beim Anlassen überlagert sich der Entspannung die Umbildung des Martensits, bei der Zementit entsteht. Zunächst sind die Zementitkörnchen noch sehr fein. Bei steigender Anlaßtemperatur bilden sich ihrer immer mehr, der Schliff wird beim Ätzen immer dunkler, es entsteht ein dem Troostit ähnliches, schwarzes Gefüge (bis $\sim 400^0$), zunächst an den Korngrenzen (Abb. 83), nachher über den ganzen Querschnitt. Bei weiterer Steigerung der Temperatur werden die Zementitabscheidungen gröber, das Gefüge wird sorbitartig und geht schließlich in körnigen Perlit über, es durchläuft also gewissermaßen rückwärts die durch verschieden schnelles Abkühlen entstehenden Perlitarten [29].

36. Rekristallisation. Grobkornbildung. Glüht man kaltverformten Stahl über den Bereich der Erweichung hinaus, so bilden sich im Gefüge völlig neue Körner, es beginnt die Rekristallisation. Die neuen Körner entstehen an den Gleitflächen und Korngrenzen und wachsen um so mehr, je höher die Glühtemperatur bei genügender Glühdauer ist, bis sie schließlich das ganze ursprüngliche Gefüge umgebildet haben. Das Endgefüge wird um so feiner sein, je mehr Gleitlinien vorhanden waren, also je stärker die Kaltverformung war. Umgekehrt kann es sehr grob werden bei sehr geringer Zahl der Gleitlinien, also bei geringer Kaltverformung. Dann ist allerdings eine höhere Temperatur nötig, um zu erreichen, daß die neuen Körner die alten völlig durchdringen. Man hat also Grobkornbildung beim Glühen von wenig kaltverformten Teilen bei höheren Temperaturen zu erwarten. Besonders stark wird sie, wenn eine kritische Verformung (bei weichem Stahl 8···20%) mit einer kritischen Glühtemperatur (700°···850°) zusammentrifft. Trägt man den Verformungsgrad (q%) und die Glühtemperatur (t^0) in ein rechtwinkliges Achsenkreuz ein und verbindet in der q-t-Ebene die Wertepaare, bei denen gleiche Korngröße φ entsteht (Abb. 107), so erhält man ein Schaubild, dem man die bei bestimmter Behandlung zu erwartende Korngröße entnehmen kann. Diese Korngröße ist vom Verformungsgrad und der Temperaturhöhe abhängig, nicht aber von der ursprünglichen Korngröße.

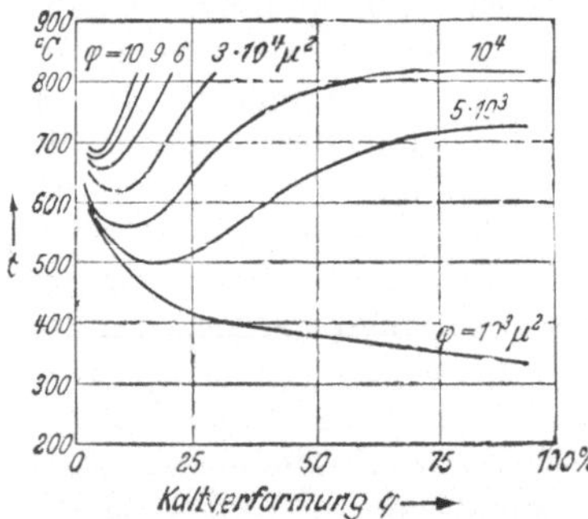

Abb. 107. Ebenes Rekristallisationsschaubild von Fe.

Praktisch ist die Grobkornbildung so gut wie immer schädlich. So führt sie z. B. beim Ziehen von Tiefziehblechen zum Aufreißen und zu grobnarbiger Oberfläche. Man muß daher vor dem letzten Glühen die Bleche um mindestens 30% herunterwalzen, d. h. die kritische Verformung überschreiten. Andererseits benutzt man bei den viel Silizium (4%) enthaltenden Transformatorenblechen die Rekristallisation, um absichtlich sehr grobes Korn herzustellen (Abb. 108), weil es die mit dem dauernden Ummagnetisieren verbundenen Energieverluste verringert. Man kann bei diesen Blechen, die wenig C enthalten ($< 0{,}08\%$), die Glühtemperatur sehr hoch treiben, da die Umkristallisierung des Ferrits zu Austenit bei hohem Si-Gehalt erst bei sehr hohen Temperaturen vor sich geht (Abb. 90). Endlich kann man die Grobkristallisation zur Herstellung von sog. Einkristallen benutzen, das sind große Kristalle, an denen man z. B. das mechanische Verhalten der Kristalle untersuchen kann. Man geht dabei von grobkörnigem Werkstoff aus und reckt und glüht abwechselnd, wobei die Körner immer gröber werden, bis schließlich — richtige Behandlung vorausgesetzt — das ganze Stück aus einem einzigen Kristall besteht.

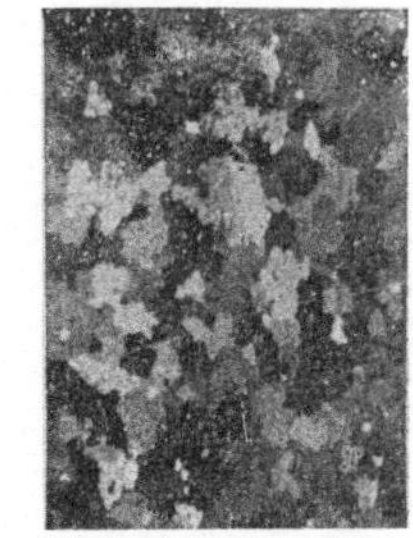

Abb. 108. V = 1. Sehr grobkörniger Ferrit ($\varphi = 6\,\text{mm}^2 = 6 \cdot 10^6\,\mu^2$). Tiefätzung bei schräger Beleuchtung. Transformatorenblech mit 4% Si.

37. Umkristallisierendes Glühen. Normalisieren. Überhitzen. Abschrecktemperaturen. Wird beim Erhitzen der Bereich zwischen der A_1-Linie (PSK in Abb. 77) und der A_3-Linie (GSE) durchlaufen, so wandelt sich der Perlit zunächst in Austenit um. Darauf wandert, je nachdem es sich um unter- oder überperlitischen Stahl handelt, Eisen aus dem Ferrit oder Kohlenstoff aus dem Zementit in den Austenit ein. Infolge seines trägen Verlaufs ist der Vorgang erst 30···50° über der oberen Umwandlungsgrenze ($G_1S_1E_1$ in Abb. 109) beendet. Es hat sich dabei feinkörniger Austenit gebildet. Erhitzt man höher oder länger, so wachsen die neuen Körner und können sehr groß werden. Kühlt man nach der Erhitzung an Luft, d. h. mit üblicher Geschwindigkeit ab, so geht die umgekehrte Gefügeumwandlung vor sich [27]. Für die schließliche Korngröße ist die Korngröße maßgebend, die die Austenitkörner beim Erhitzen erreichten. Um möglichst feines Korn zu erhalten, kühlt man geglühte Stücke ab, sobald man annehmen kann, daß alle Teile die dem C-Gehalt entsprechende Temperatur der Linie $G_1S_1E_1$ (Abb. 109) erreicht haben. Man kühlt schnell an Luft ab, da verzögerte Abkühlung ebenfalls Kornwachstum mit sich bringt. Diese Glühbehandlung nennt man Normalglühen oder Normalisieren. Bei zu hoher oder zu langer Erhitzung entsteht durch Überhitzung grobes Korn (Abb. 110).

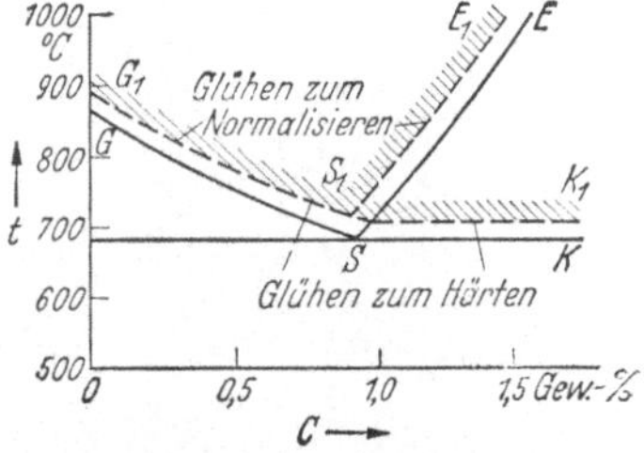

Abb. 109. Glüh- und Härtetemperaturen für C-Stähle mit den üblichen Beimengungen. Glühen zum Normalisieren nach $G_1S_1E_1$, zum Härten nach $G_1S_1K_1$.

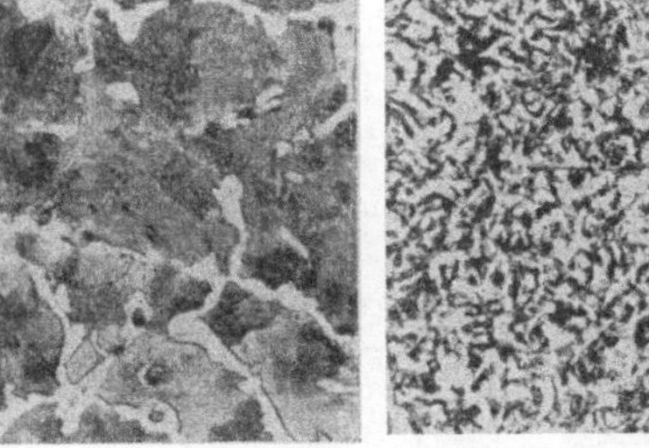

Abb. 110. V = 100. Abb. 111. V = 100.
Abb. 110. Überhitzter und verbrannter (dunkle Oxydpunkte) Stahl ($\sigma_B = 68$). Schubstange von Schiffsmotor, durch Dauerbruch zerstört.
Abb. 111. Feinkörnig geglühter (900°) Stahlguß (s. Abb. 26). $\sigma_B = 65$, $a = 2{,}4\,\text{mkg/cm}^2$.

Praktisch wird z. B. das Normalglühen im großen Maßstab bei Stahlguß zur

Beseitigung des sehr ungünstigen Gußgefüges vorgenommen. So ging durch Glühen bei 900° das Gußgefüge der Abb. 26 in das feine Gefüge der Abb. 111 über. Auch hier ergibt sich eine Art Vergütung, da die mechanischen Eigenschaften verbessert werden (Abb. 112); vor allem wächst die Kerbschlagzähigkeit. Die Wirkung verschiedener Glühtemperaturen und Glühdauern kann man häufig in der Nachbarschaft von Schweißungen feststellen. Temperatur und Dauer der Glühung nehmen von der Schweißnaht aus ab. In der Nähe der Naht findet man daher oft infolge Überhitzung grobes Korn (Abb. 113a), etwas weiter durch Normalisieren gefeintes Korn (Abb. 113b), noch weiter, wenn das geschweißte Stück durch Walzen, Richten oder dergleichen kaltverformt war, unter Umständen auch durch Rekristallisation grob gewordenes Korn (Abb. 113c) und erst in einer gewissen Entfernung von der Naht das ursprüngliche Blechgefüge (Abb. 113d).

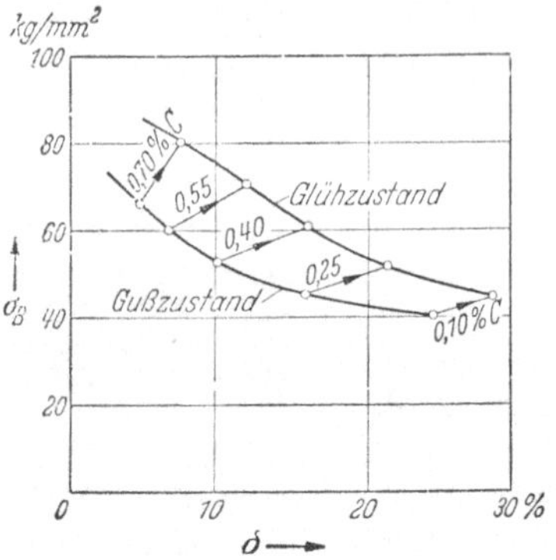

Abb. 112. Einfluß des Normalglühens auf Stahlguß mit verschiedenen C-Gehalten. Beziehung zwischen σ_B und δ.

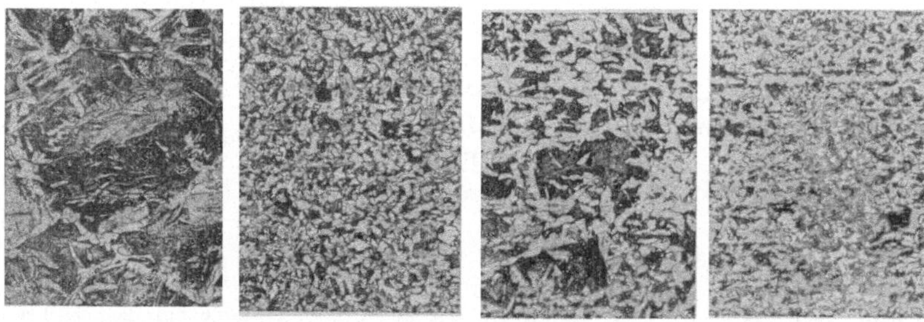

Abb. 113a. V = 100. Abb. 113b. V = 100. Abb. 113c. V = 100. Abb. 113d. V = 100.
Abb. 113a⋯d. Kraftwagenrahmen, Nähe einer Autogenschweißung. a) 2 mm neben der Schweißung: überhitzt, b) 5 mm neben der Schweißung: normalgeglüht, c) 9 mm neben der Schweißung: rekristallisiert, d) 20 mm neben der Schweißung: ursprüngliches Gefüge.

Bei Dampfkesselschweißungen ist, von Ausnahmen abgesehen, Normalglühen nach dem Schweißen vorgeschrieben.

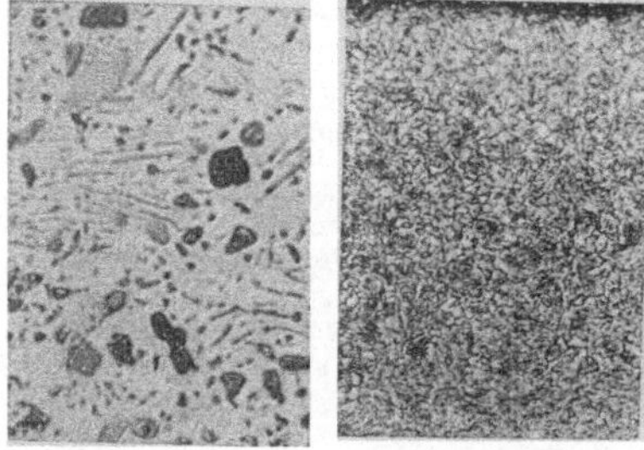

Abb. 114. V = 500. Abb. 115. V = 50.
Abb. 114. Übereutektoider C-Werkzeugstahl, geglüht. Ätzung: alk. Natr.-Pikrat (andere Ätzung s. Abb. 15). Dunkle Einschlüsse: zertrümmertes Zementitnetz und aufgelöster Perlit (vgl. Abb. 79) (Querschliff). — Abb. 115. Gehärteter Werkzeugstahl mit entkohlter Randschicht (oben). Weichhäutig.

Ein umkristallisierendes Glühen ist auch das Weichglühen, durch das man körnigen Perlit erhält [29]. Ebenso muß auch zur Abschreckhärtung Stahl umkristallisierend geglüht werden. Damit das Härtegefüge möglichst fein wird, muß er zuerst weichgeglüht und an der Luft abgekühlt werden (Abb. 79). Dann erst wird er auf Härtetemperatur gebracht, und zwar untereutektoider Stahl je nach dem C-Gehalt auf Temperaturen der Linie G_1C_1 (Abb. 109). Hier besteht er ganz aus Austenit und nimmt nachher beim Abschrecken die höchste Härte an. Übereutektoider Stahl wird am härtesten, wenn man ihn von Temperaturen der Linie S_1K_1 (Abb. 109) abschreckt, d. h. ehe der Zementit in Lösung geht. Dieser ist nachher in Martensit eingebettet und erhöht die Gesamthärte, da er selbst härter ist als Martensit

(Abb. 14). Das Zementitnetz muß allerdings vorher durch Schmieden in feine Körner zerteilt werden (Abb. 114). Da die Umwandlungstemperaturen und die Umwandlungsvorgänge durch Legierungsbestandteile verändert werden [33], müssen legierte Stähle auf die jeweils vorgeschriebene Härtetemperatur erhitzt werden, z. B. die hochlegierten Schnellschnittstähle auf 1250···1350°.

38. Beeinflussung der Oberfläche durch Glühbehandlung. Bei den hohen Glühtemperaturen wird nicht nur das Innere des Glühgutes, sondern manchmal noch stärker die Oberfläche verändert, und zwar infolge der Einwirkung der umgebenden Stoffe. Ist Luft zugegen, so kann deren Sauerstoff Verzunderung, d. h. Bildung von Fe_3O_4 hervorrufen, aber auch durch Bindung des im Eisen enthaltenen C zu CO die Oberfläche entkohlen, so daß sie nach dem Abkühlen aus Ferrit besteht. So entsteht die Weichhäutigkeit, die Werkzeugstahl außen unhärtbar (Abb. 115) und Baustahl gegen Wechselbeanspruchung empfindlich macht. Bei Temperguß freilich wird die Entkohlung der Oberfläche oft absichtlich besonders gefördert [32], um ihn weich zu machen. Auch schwache Verzunderung wird gelegentlich absichtlich hervorgerufen (Inoxydieren), da sie das Rosten behindert. Während die Oberfläche schon bei geringen Glühtemperaturen (650°) stark verzundern kann, dringt bei hohen Temperaturen der Sauerstoff tiefer ins Innere des Stahls ein und durchsetzt ihn unter Umständen auf große Tiefe mit Oxydeinschlüssen (Abb. 110). Solcher Stahl ist durch Verbrennung verdorben.

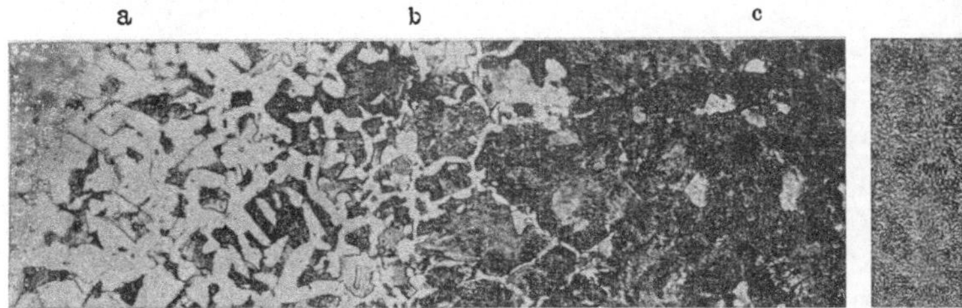

Abb. 116. V = 50. Abb. 117. V = 100.

Abb. 116. **Cr-Ni-Stahl** (ECN 35), 6 Stunden bei 930° in Salzbad eingesetzt. *a* Kern 0,15 % C, *b* Übergang, *c* Einsatzschicht (eutektoid). — Abb. 117. Stahl wie Abb. 116. 5 Stunden bei 1000° in Härtepulver eingesetzt (überhitzt, vgl. Abb. 82). Einsatzschicht beim Härten abgerissen.

Ebenso wie man die Stahloberfläche entkohlen kann, so kann man sie auch aufkohlen, wenn man in C-abgebenden Mitteln (Härtepulvern oder Zyansalzbädern) im Bereich der γ-Mischkristalle glüht (830···930°). Je länger geglüht wird, desto tiefer dringt C durch die Oberfläche ein, so daß die Oberschicht, die rein perlitisch sein soll, durch Abschrecken gut härtbar wird. Das Verfahren heißt Zementieren oder Einsetzen (Abb. 116). Bei zu hoher oder zu langer Erhitzung im Einsatz wird der Kern durch Überhitzen grob, während am Rande Zementitausscheidungen, vielleicht gar in Netzform, entstehen (Abb. 82), die sich nicht beseitigen lassen und im Betrieb leicht zu Brüchen Anlaß geben. Auch kann schon beim Abschrecken die Härteschicht vom Kern abreißen. Diese Gefahr besteht besonders bei den als Ersatz für Chrom-Nickel-Stähle (ECN) verwendeten Chrom-Molybdän-Stählen (ECMo). Man muß sie in mild wirkenden Einsatzmitteln glühen. Es ist zweckmäßig, die Fertigung metallographisch unter Verwendung entsprechender Gefügerichtreihen [13] zu überwachen. Die sich dabei ergebenden Kennzahlen gestatten ein Urteil, ob die vorhandenen Zementitausscheidungen praktisch zulässig sind oder nicht. Grobes Kerngefüge kann man durch Normalisieren vor dem endgültigen Härten wieder fein machen. Ebenfalls zur Oberflächenhärtung benutzt man das Versticken oder Nitrieren, wobei man einen besonderen, legierten Stahl, der vorher vergütet und danach fertig bearbeitet wurde, bei etwa 500^0 längere Zeit in einer Atmosphäre von Ammoniak (NH_3) erhitzt. Dabei dringt Stickstoff (N) in die Außenschicht ein und bildet α-Mischkristalle bis zu einem N-Gehalt von 0,015 %, darüber hinaus nadelförmige Ausscheidungen von Eisennitrid (Fe_4N) (Abb. 31 u. 119). Dadurch wird die Oberschicht auf eine Tiefe von etwa $^1/_{10}$ mm sehr hart, ohne daß ein Abschrecken nötig ist. Daher werden auch die mit dem Abschrecken verbundene Verzerrung und Rißgefahr vermieden. In ähnlicher Weise kann man die Oberfläche des Stahls durch Legieren rost- oder hitzbeständiger machen, etwa indem man im Bereich der γ-Mischkristalle Aluminium (Alisieren, Kalorisieren), Chrom (Inkromieren) oder bei Temperaturen von etwa 400^0 Zink (Sherardisieren) eindringen läßt. Beim Inkromieren wird die Oberfläche in rostfreien Stahl übergeführt [14].

39. Alterung. Aushärtung. Manchmal brechen Teile aus weichem Flußstahl bei geringem Stoß, z. B. wenn sie auf harten Boden fallen, spröde und ohne jede Formänderung durch. Man hat das stets auf eine allmählich entstehende Änderung des Gefüges zurückgeführt, die man Altern nannte, ohne zunächst die Natur

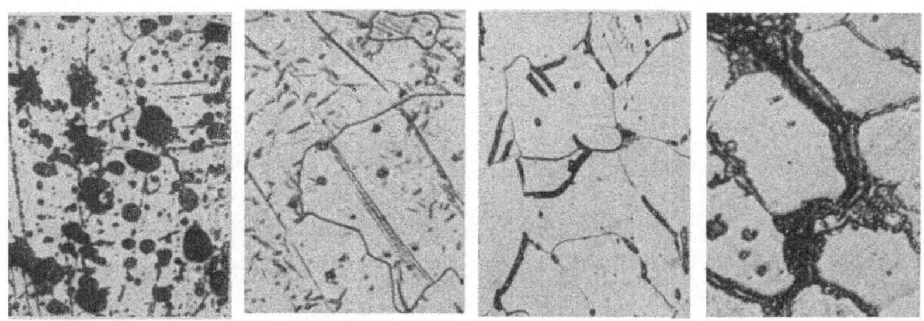

Abb. 118. V = 100. **Abb. 119. V = 100.** **Abb. 120. V = 200.** **Abb. 121. V = 600.**

Abb. 118. Reckstange aus Schweißeisen ($\sigma_B = 37$). Nach 50jährigem Gebrauch gebrochen. Gealtert: Ausscheidungen an den Gleitlinien. — Abb. 119. Kesselblech ($\sigma_B = 37$), im Betrieb gerissen. Gealtert: Oxydausscheidungen und Nitridnadeln. — Abb. 120. Kuppelstange, beim Fall auf den Boden gebrochen ($\sigma_B = 42$). Beim Warmrichten blau-spröde gemacht. Starke Gleitlinienverdickung durch Ausscheidungen. $H = 152$ im blauspröden Zustand, $H = 116$ nach Ausglühen. — Abb. 121. Kesselblech wie Abb. 119. Interkristalline Korrosion.

des Vorgangs zu kennen. Man beobachtete dann, daß das Altern bei mäßiger Erhitzung ($100\cdots300^0$) beschleunigt wird, sowie daß Werkstoffe nach geringer Kaltverformung stärker zum Altern neigen, z. B. Kesselbleche innerhalb der Nietnähte (Nietlochrisse). Schließlich ergab sich, daß noch andere Erscheinungen von Härte und Sprödigkeit auf das Altern zurückzuführen sind, wie z. B. die sog. Blausprödigkeit, die sich bei Verformung in der Blauhitze ($200\cdots350^0$), d. h. während des Blauanlaufens des Stahls, einstellt. Kennzeichnend für die mechanischen Eigenschaften gealterten Werkstoffs ist geringe Kerbschlagzähigkeit und zum Teil erheblich gesteigerte Härte. Die Ursache dieser Erscheinungen hat man in ganz geringen Gehalten an Fremdatomen im Ferrit erkannt, die ja mit α-Eisen Mischkristalle bilden. Wäre das Eisen nach dem Walzen, Schmieden oder dergleichen viel langsamer als üblich abgekühlt worden, so würden sich diese Atome zum größten Teil in besonderen Gefügebestandteilen ausgeschieden haben, z. B. C als Eisenkarbid (Fe_3C), N als nadeliges Eisennitrid (Fe_4N), P als Eisenphosphid (Fe_3P) usw. Durch die übliche Luftabkühlung wurden sie daran verhindert, ganz ähnlich wie bei der Abschreckhärtung die Karbidbildung verhindert wird. Die α-Mischkristalle sind übersättigt mit Fremdatomen, die aus dem Raumgitter herauszuwandern, sich auszuscheiden suchen und dabei das Gefüge härter und spröder machen. Man bezeichnet den noch nicht völlig erforschten Vorgang allgemein als **Ausscheidungshärtung** oder kürzer **Aushärtung**.

Die Ausscheidung verläuft bei gewöhnlicher Temperatur sehr langsam. Geringe Erwärmung und Kaltverformung beschleunigt sie: **künstliches Altern**; diese ermöglichen den Fremdatomen offenbar, sich leichter aus der unnatürlichen Lage zu befreien. Am schnellsten geht die Ausscheidung vor sich, wenn das Gefüge bei mäßiger Erhitzung (Blauwärme) verformt wird (Blausprödigkeit). Sie verringert dann ganz erheblich die Kerbzähigkeit. Im Schliff kann man diese Vorgänge erst beobachten, wenn die wandernden Atome sich zu sichtbaren Gefügebestandteilen, z. B. Oxyden (Abb. 118), Nitriden (Abb. 31 u. 119), Phosphiden (Abb. 30), zusammengeschlossen haben, d. h. erst, nachdem der Zustand größter Härte überschritten ist. Die Ausscheidungen befinden sich sehr oft bevorzugt in den Korngrenzen und Gleitlinien (Abb. 118 u. 120). Wie die Übersättigung des Mischkristalls zustande kommt, zeigt das Zustandsschaubild (Abb. 73) für Kohlenstoff. Die Grenze der α-Mischkristalle ist durch PQ gegeben. Bei 721° können 0,035%, bei 20° nur 0,006% C im Mischkristall im Gleichgewicht sein. Da die Ausscheidung des C von 0,035% bis zu 0,006% bei den tiefen Temperaturen sehr langsam vor sich geht, wird sie leicht unterdrückt. Der geringe Unterschied von nur 0,029% C, der die Übersättigung darstellt, verursacht das Altern. Entsprechendes gilt für die anderen Bestandteile, die zum Altern Anlaß geben können.

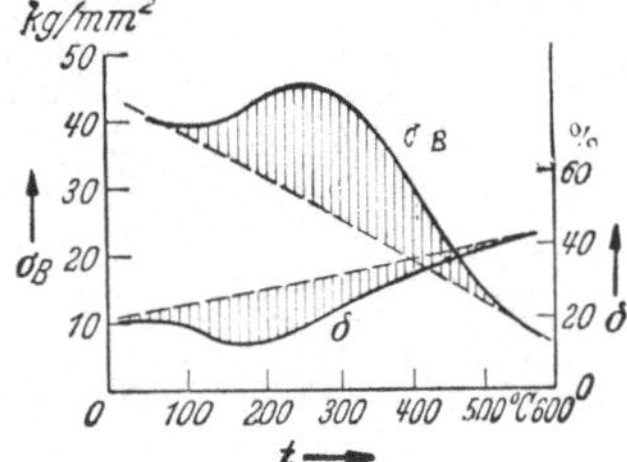

Abb. 122. Zugfestigkeit und Bruchdehnung in Abhängigkeit von der Temperatur. Schraffiert: Bereich der Blauhitze.

Zur Verbesserung der mechanischen Eigenschaften benutzt man die Alterung im größten Maßstab beim Aluminium [51]. Bei Stahl ist sie eine unerwünschte Erscheinung, weil sie die Dehnbarkeit zu stark heruntersetzt. Mit der gleichzeitigen Wirkung von Erhitzung und Verformung hängt es zusammen, daß bei **Warmzerreißversuchen** im Bereich der künstlichen Alterung (Blauhitze) entgegen dem gewöhnlichen Verhalten die Festigkeit erhöht, die Dehnbarkeit verringert wird (Abb. 122). Bei Chrom-Nickel-Stählen sowie ihrem heutigen Ersatz, den Manganstählen kommt die sog. **Anlaßsprödigkeit**, die oft bei langsamem Abkühlen nach dem Vergüten entsteht, wahrscheinlich durch Altern zustande. Oft geht bei Kesselblechen eine zur Rißbildung führende Erscheinung mit Alterung Hand in Hand, die sog. **Laugensprödigkeit** oder **interkristalline Korrosion**. Sie beruht darauf, daß im gealterten Werkstoff aus Lösungen (Kesselspeisewasser) Fremdbestandteile längs der Korngrenzen einwandern (Abb. 121).

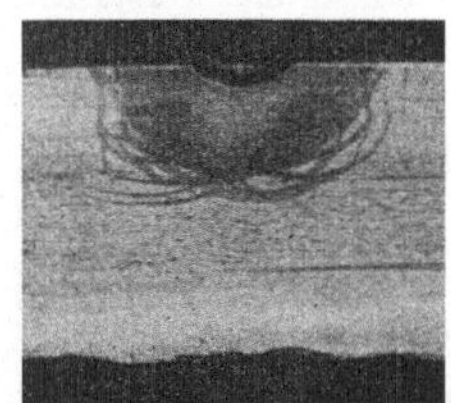

Abb. 123. Kugeleindruck in Kesselblech wie Abb. 119. Fryätzung. Durch künstliches Altern sichtbar gemachte „Kraftwirkungszonen".

Praktischen Gebrauch vom Altern macht man bei metallographischen Untersuchungen, wenn man kaltverformte Stellen sucht. Erhitzt man das Prüfstück $^1/_2$ Stunde lang auf etwa 250°, so altern die kaltverformten Stellen stärker, die Korngrenzen werden verdickt und Gleitlinien erscheinen deutlicher. Bei einem besonderen Ätzverfahren (**Fryätzung**, vgl. Anhang) erscheinen die kaltverformten Stellen dunkler. Auch scheinbar gleichmäßige Verformung, wie Biegung, örtlicher Druck usw., sind, wie sich zeigt, nur auf bestimmte Zonen im Werkstoff beschränkt. Dadurch entstehen bei der Fryätzung die sog. Kraftwirkungslinien (Abb. 123) (vgl. hierzu auch Abb. 106).

40. Warmverformung. Der mechanische Vorgang im Gefüge ist beim Warmverformen (Walzen, Schmieden, Pressen) grundsätzlich derselbe wie beim Kaltverformen. Es überlagert sich ihm jedoch der Einfluß des Glühens, der die Kalthärtung aufhebt und zu neuer Kornbildung durch Rekristallisation führt, die bei Warmverformung in grundsätzlich gleicher Weise vor sich geht wie beim Glühen nach Kaltverformung. Die neuen Körner werden auch hier um so kleiner, je mehr Gleitlinien erzeugt werden, d. h. je gründlicher das Stück durchgeschmiedet wird. Daher ist Schmieden nicht nur ein Verfahren zum Erzielen einer bestimmten äußeren Form, sondern noch mehr zum Verbessern des Werkstoffs, vor allem seiner Kerbschlagzähigkeit. Darum verbessert Abhämmern in der Wärme auch die Autogenschweißungen (Abb. 124 u. 125). Aus gleichem Grunde soll man auch höher beanspruchte Maschinenteile nicht aus dem Walzstück kalt herausarbeiten (Abb. 76), sondern vorschmieden.

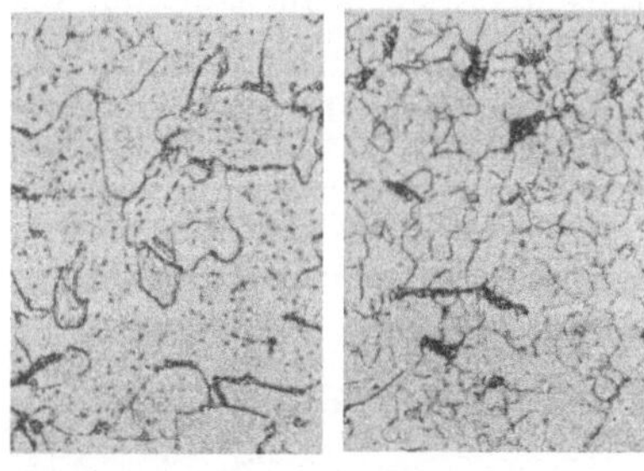

Abb. 124. V = 100. Abb. 125. V = 100.
Abb. 124. Autogenschweißung, nicht nachbehandelt. Überhitzungsgefüge. $a = 3$ mkg/cm². — Abb. 125. Schweißung wie Abb. 124, warm gehämmert. Feinkörniges Gefüge. $a = 12$ mkg/cm².

Warmverformung ist vorhanden, wenn die Schmiedetemperatur so hoch ist, daß Verfestigung, Entfestigung und Rekristallisation gleich schnell vor sich gehen. Praktisch ist das bei Stahl im Gebiet der γ-Mischkristalle der Fall. Das Schmieden und Walzen soll also im allgemeinen oberhalb A_{r3} beendet sein, und zwar bei um so höherer Temperatur, je schneller der Stahl verformt wird. Der Widerstand des Werkstoffs gegen Warmverformung, d. h. der Kraftaufwand, nimmt im Bereich höherer Temperaturen mit steigender Erhitzung ab, wächst aber in der Nähe der Haltepunkte etwas (Abb. 126, vgl. auch Abb. 71). Mit steigender Verformungsgeschwindigkeit nimmt er zu. Zum Pressen ist also geringere Kraft erforderlich als zum Hämmern. Bei übereutektoiden Stählen schmiedet man häufig zwischen A_3 und A_1, weil zum völligen Auflösen des Zementits die Temperaturen zu hoch und zu lange wirksam sein müßten. Man zertrümmert dann das nicht aufgelöste Zementitnetz mechanisch, so daß einzelne eckige Körner zurückbleiben. Im Querschnitt einer Walzstange liegen diese Körner unregelmäßig durcheinander (Abb. 114). In der Längsrichtung sind sie jedoch zu Zeilen angeordnet, die dadurch entstehen, daß das Netzwerk flachgedrückt und gestreckt wird (Abb. 127). Das gleiche gilt für ledeburitische Stähle.

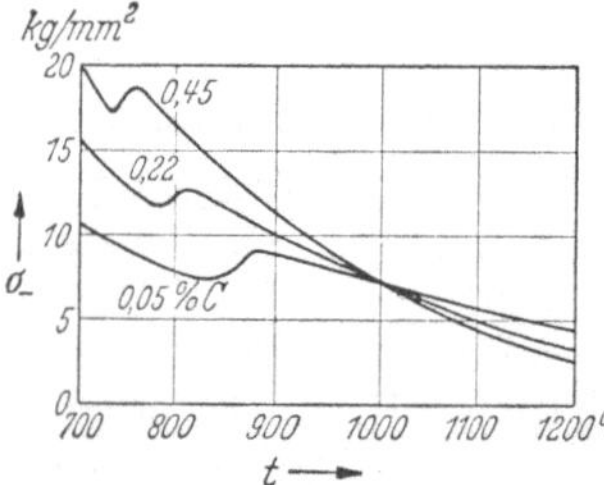

Abb. 126. Stauchwiderstand (σ-) von Flußstahl mit verschiedenen C-Gehalten beim Warmstauchen um 30 %.

Abb. 127. V = 100. Abb. 128. V = 100.
Abb. 127. Zeilen von Karbidtrümmern in geschmiedetem Schnellstahl (vgl. Abb. 48). — Abb. 128. Ferrit- und Perlitzeilen (sekundäres Zeilengefüge) in Winkeleisen ($\sigma_B = 40$).

Zeilengefüge entsteht auch beim Walzen weicherer Stähle (Abb. 128). Es entsteht durch Zusammendrücken und Strecken des primären Bäumchengefüges, das infolge der Kristallseigerung bei geeigneter Ätzung sichtbar wird. Meist versteht man unter Zeilengefüge die zeilenförmige Anordnung von Ferrit und Perlit, die man insbesondere als sekundäres Zeilengefüge bezeichnet. Im Gegensatz dazu nennt man die Zeilen, die infolge von Phosphor- und Schwefelseigerung entstehen, primäres Zeilengefüge. Abb. 129 zeigt grobe primäre Zeilen im Längsschliff, Abb. 61 feinere, am Rande der Blockseigerung gelegene, im Querschliff. Da C im Eisen leicht wandert, läßt sich das sekundäre Zeilengefüge durch Glühen beseitigen (Abb. 113b u. 113d). Viel weniger leicht beweglich als C sind im Eisen P und S, daher bleibt das primäre Zeilengefüge bei allen gewöhnlichen Wärmebehandlungen erhalten. Erst bei ungewöhnlich hohem und langem Glühen verteilen sich auch diese Bestandteile mehr oder weniger gleichmäßig. Im Gegensatz dazu kann das durch Glühen beseitigte C-Zeilengefüge wieder zum Vorschein gebracht werden, wenn nach dem Glühen hinreichend langsam abgekühlt wird. Dann scheidet sich zwischen A_{r3} und A_{r1} der aus dem Austenit hervorgehende Ferrit in der Nachbarschaft der zu Zeilen ausgewalzten Schlacken ab und ordnet sich infolgedessen ebenfalls zeilenförmig an (Abb. 27). Aus gleichem Grunde entsteht beim langsamen Abkühlen von Stahlguß nach dem Glühen wieder Bäumchengefüge (Abb. 26).

Zu Zeilen werden auch die im Block enthaltenen Gasblasen (Abb. 64) ausgewalzt, deren Rand häufig mit Fremdbestandteilen angereichert ist, was man

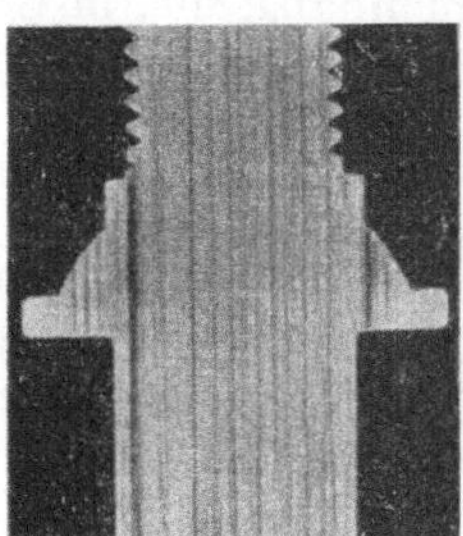

Abb. 129. V = 1/2.

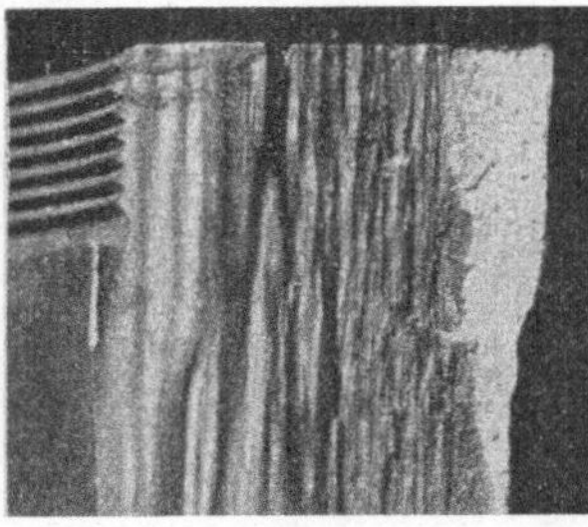

Abb. 130. V = 1.

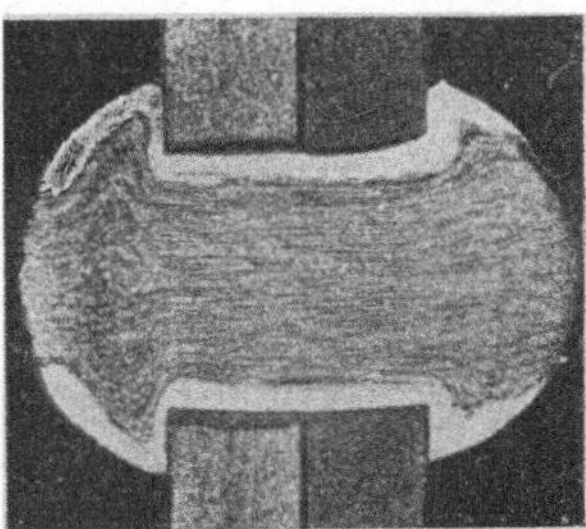

Abb. 131. V = 2.

Abb. 129. Phosphorzeilen (primäres Zeilengefüge) in Automatenstahl (s. Abb. 30). Oberhofferätzung. Schräge Beleuchtung. Schraube mit Bund: Faser angeschnitten. — Abb. 130. Schieferbruch in Zahnritzel von 160 mm Durchmesser (Ausschnitt). — Abb. 131. Faserverlauf in Flußstahlniet (Seigerungszone dunkel). Im Gegensatz zu Abb. 129 ist der Faserverlauf dem Kraftverlauf angepaßt.

als Gasblasenseigerung bezeichnet. Der verminderte Zusammenhalt solcher Stellen führt manchmal zu sog. Schiefer- oder Holzfaserbruch (Abb. 130). Auch am Blockrand liegende oxydierte Blasen schweißen nicht zusammen und ergeben dadurch im fertigen Stück Oberflächenfehler. Mit den geschilderten Verhältnissen hängt auch der Faserbau warmverformten Stahls zusammen, den man durch langes Ätzen in starker Säure (s. Anhang) sichtbar machen kann (Abb. 131). Quer zur Faserrichtung ist der Zusammenhalt des Gefüges weniger gut als in der Faserrichtung; daher ist es zweckmäßig, stark beanspruchte Teile warm so vorzuformen, daß die Faser die Richtung der Hauptbeanspruchung hat; unzweckmäßig und oft unzulässig ist es, solche Teile ohne Rücksicht auf Kraft- und Faserverlauf aus dem Vollen herauszuspanen (Abb. 129).

III. Gefügeausbildung und Gefügeeigenschaften bei Nichteisenmetallen.

A. Kupfer und Kupferlegierungen[1].

41. Reinkupfer erstarrt bei 1083° unter Abscheidung von Kristallen mit flächenzentriertem, würfeligem Raumgitter (Abb. 35b, Würfelkante = 3,61 Å), das sich

[1] Näheres s. Heft 45, Nichteisenmetalle I (Kupfer, Messing usw.).

bei weiterer Abkühlung auf Raumtemperatur nicht mehr umwandelt. Wie bei solchem Raumgitter öfter (z. B. bei γ-Fe, Ni, Al, Pb), zeigt der Schliff vieleckige Körner mit mehr oder weniger häufigen Zwillingsbildungen (Abb. 132). Praktisch ist technisches Cu ebensowenig rein wie Fe. Die Rolle, die C bzw. Fe_3C beim Fe spielt, fällt beim Cu in gewisser Hinsicht dem O bzw. Cu_2O (Kupferoxydul) zu. Letzteres bildet im Gefüge kleine rundliche hellblaue Einschlüsse. Bei 1064° entsteht ein — dem Ledeburit entsprechendes — **Eutektikum** mit 3,45% Cu_2O bzw. 0,39% O, das bei Gesamtgehalten von über 0,1% O zusammenhängende, im Schliff gepunktete Körner bildet (Abb. 134). Aus dem Flächenanteil dieser Körner kann (wie beim Perlit [7]) der O-Gehalt des Cu bestimmt werden. Nimmt z. B. das Eutektikum 30% der Gesamtfläche ein, so sind $0{,}39 \cdot 0{,}3 = 0{,}12$% O im Cu. Meist übersteigt der O-Gehalt nicht 0,05···0,10%. Dann bildet das Eutektikum im Guß mehr oder weniger dünne Korngrenzen, die beim Durchkneten durch Walzen, Schmieden oder dergleichen zertrümmert werden (Abb. 132). In Längsschliffen lassen sie durch Zeilenanordnung die Streckrichtung erkennen.

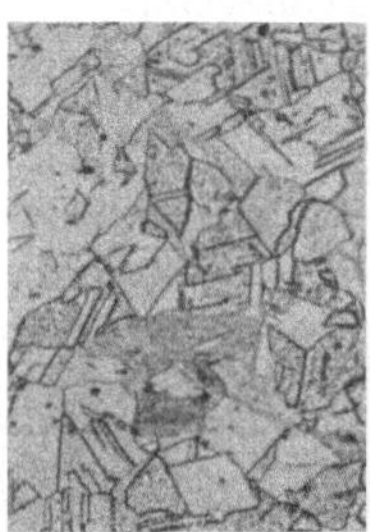

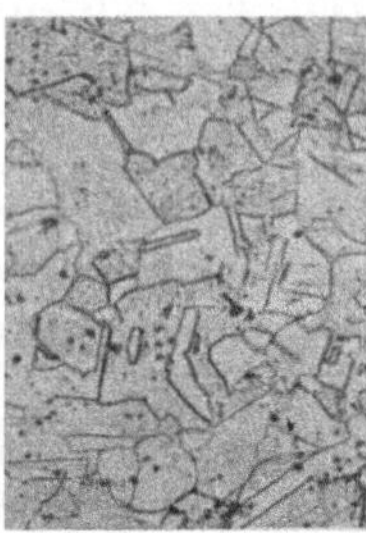

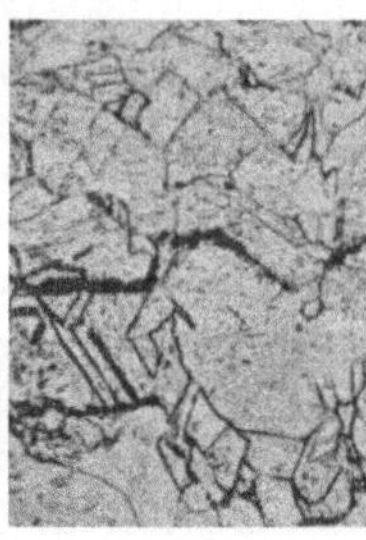

Abb. 132a. V = 100. **Abb. 132b. V = 100.** Abb. 133. V = 50.

Abb. 132a u. b. Flachkupfer, quer. Dunkle Punkte: Cu_2O. Ätzung: Cu-Amm.-Chlorid. a) Kalt gezogen. $\sigma_B = 26$, $\delta = 29$%. Zahlreiche Zwillinge. b) 1/2 Stunde bei 650° geglüht. $\sigma_B = 22$, $\delta = 58$%. Weniger Zwillinge. — Abb. 133. Cu-Dampfrohr, quer. Heißrisse, bei 12 at und 187° entstanden. Ätzung: $NH_3 + H_2O_2 \cdot \sigma_B$ (bei 20°) 22, (bei 200°) 11, δ (bei 20°) 48, (bei 200°) 11%.

In glühendes Cu dringt leicht Wasserstoffgas ein, das die Cu_2O-Körnchen unter Bildung von Wasserdampf zersetzt. Dadurch entstehen kleine Hohlräume oder gar Risse, wenn der in Cu unlösliche Wasserdampf infolge seiner Spannung austritt. Cu darf daher in Gasen, die freien Wasserstoff enthalten, nicht geglüht, also auch nicht mit dem Wasserstoffbrenner geschweißt werden. In oxydierender Flamme nimmt es O auf und wird spröde (Abb. 134). Reines geglühtes Cu hat 40···50% Bruchdehnung bei $\sigma_B = 22 \cdots 25$ kg/mm². Wird es längere Zeit unter Spannung erhitzt, so verliert es bei etwa 200° stark an Dehnbarkeit und erleidet längs der Korngrenzen verlaufende Brüche (Abb. 133), wahrscheinlich zum Teil infolge Änderung der Korngrenzenmasse. Cu-Dampfrohre werden daher bei den heute üblichen Dampftemperaturen nicht mehr verwendet.

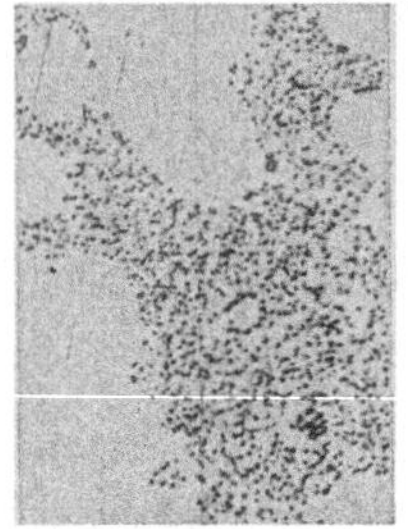

Abb. 134. V = 300. Cu, mit Schweißbrenner niedergeschmolzen. Ungeätzt. Gepunktete Fläche: Cu_2O-Eutektikum.

Die sonstigen Beimengungen des technischen Cu (As, Ni, Ag usw.) betragen insgesamt 0,4···1,0%; sie bilden innerhalb dieser Gehalte mit Cu Mischkristalle, also keine besonderen Gefügebestandteile; ihre Anwesenheit ist jedoch bei Guß-Cu unter Umständen daran kenntlich, daß die Kristalle infolge Kristallseigerung zonig sind. Gegen Kaltreckung, Erweichung, Rekristallisation verhält sich Cu grundsätzlich wie Eisen. Je reiner das Cu, desto früher erweicht es beim Erhitzen nach Kaltverformung und desto gröber kann unter sonst gleichen Umständen das Rekristallisationsgefüge werden. Da beim Erhitzen von Cu keine Gitterumwandlung stattfindet, ist Normalisieren mit Kornfeinung, wie bei Flußstahl, nicht möglich. Jedoch nehmen kaltverformte

Körner durch $^1/_2 \cdots 1$ stündiges Glühen bei 650° wieder die gewöhnliche vieleckige Form an (Abb. 132b).

42. Erstarrungsschaubilder von Cu-Ni- und Cu-Zn-Legierungen. Die technischen Cu-Legierungen bestehen meistens aus Mischkristallen. Cu und Ni bilden in jedem beliebigen Mischungsverhältnis solche Mischkristalle, wodurch ein besonders einfaches Erstarrungsschaubild entsteht (Abb. 135). Eine Legierung von z. B. 70% Cu und 30% Ni erstarrt zwischen 1235° und 1160°. Sie scheidet zuerst Mischkristalle mit 43% Ni, zuletzt solche mit 30% Ni ab. Der Ni-Gehalt der Schmelze nimmt dabei von 30% auf 20% ab. Die in der Schmelze abgeschiedenen Mischkristalle behalten während der Abkühlung ihre ursprüngliche Zusammensetzung nicht, sondern nehmen, wenigstens wenn ihnen genügend Zeit gelassen wird, aus der Schmelze jeweils so viel Cu auf, daß ihre Zusammensetzung bei jeder Temperatur derjenigen des Erstarrungsschaubildes entspricht. Bleibt bei zu schnellem Wärmeentzug hierfür keine Zeit, so entstehen infolge Kristallseigerung [21] Zonenkristalle.

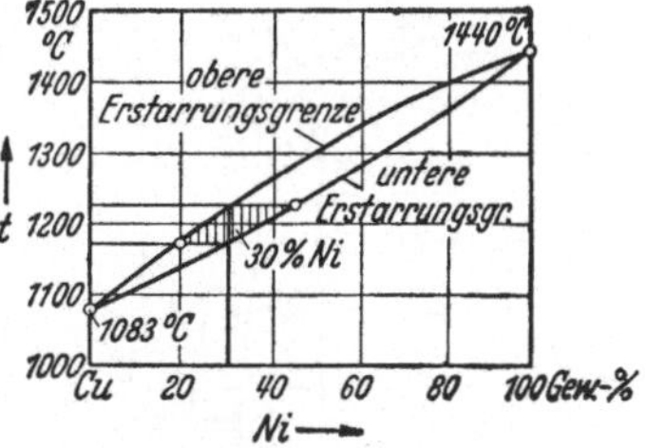

Abb. 135. Erstarrungsschaubild der Cu-Ni-Legierungen.

Nicht ganz so einfach ist das Erstarrungsschaubild von Messing (Ms), also das der Cu-Zn-Legierungen, in dem bei 905° gewissermaßen zwei verschiedene Schaubilder unvermittelt zusammenstoßen (Abb. 136). Nach dem oberen werden sog. α-Mischkristalle mit flächenzentriertem, nach dem unteren sog. β-Mischkristalle mit raumzentriertem Würfelgitter abgeschieden, und zwar grundsätzlich in gleicher Weise wie bei den Cu-Ni-Legierungen. Der Übergang aus dem einen in den anderen Erstarrungsbereich geht bei 905°, also bei einem Haltepunkt, vor sich. Der Zn-Gehalt der bestehenden α-Mischkristalle steigt dabei durch Zn-Aufnahme aus der Schmelze von 32,5% auf 37%. Sie verwandeln sich dabei in β-Mischkristalle. Gleichzeitig scheiden sich aus der Schmelze β-Kristalle mit 37% Zn ab. Legierungen mit 37% Zn erstarren demnach einheitlich zu β-Mischkristallen.

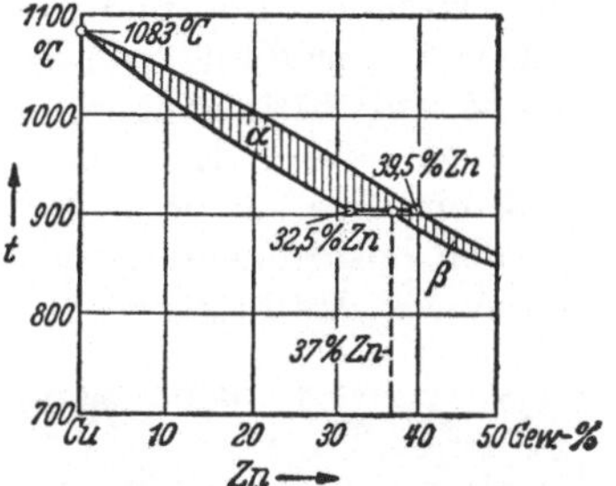

Abb. 136. Erstarrungsschaubild der Cu-Zn-Legierungen bis 50% Zn.

Bei Legierungen mit mehr Zn bleibt nach dem Durchlaufen des Haltepunktes Schmelze übrig, die bei fallender Temperatur nach dem β-Schaubild weiter erstarrt, so daß schließlich ebenfalls nur β-Kristalle vorhanden sind. Haben die Legierungen weniger als 37% Zn, so reicht der Zn-Gehalt der Schmelze nicht aus, sämtliche α-Kristalle zu verwandeln, so daß das Gefüge schließlich aus α- und β-Kristallen besteht, also nicht homogen ist. Die später entstandenen β-Kristalle umhüllen die α-Kristalle. Man nennt ein solches Gefüge peritektisch (griech. peri = herum). Ähnliche Erscheinungen treten noch mehrmals bei höheren Zn-Gehalten auf. Praktisch wird beim Gießen von Messing durch schnelle Wärmeentziehung der Haltepunkt und damit auch die Umbildung der α-Kristalle unterdrückt, ebenso wie die Mischkristalle ihren zonigen Aufbau behalten.

43. Gefüge und Gefügeeigenschaften von Messing. Nach dem Erstarren ändert sich bei weiterem Abkühlen die Zusammensetzung der Mischkristalle. Zum Beispiel nimmt die Aufnahmefähigkeit der α-Kristalle für Zn zu, so daß bei genügend langsamer Abkühlung β-Kristalle in α-Kristalle übergehen können, wie das Zustandsschaubild (Abb. 137) zeigt. In Blechen, Rohren usw. kann Messing mit etwas weniger als 39% Zn aus reinen α-Kristallen bestehen, die an der vieleckigen Form und den häufigen Zwillingsbildungen leicht kenntlich sind (Abb. 138). Meist bleibt jedoch nach der praktisch üblichen Wärmebehandlung auch etwas β-Gefüge erhalten (Abb. 139). Messing mit mehr als 39% Zn besteht nach **genügend langsamer Abkühlung** aus α-Kristallen mit 61% Cu und β-Kristallen mit 54% Cu. An solchem Gefüge (Abb. 140) kann man ähnlich wie bei untereutektoidem Stahl [7] durch Flächenmessung den Cu-Gehalt ungefähr abschätzen. Bedecken z. B. α- und β-Kristalle je die Hälfte der Schlifffläche, so ist der Cu-Gehalt der Legierung $0{,}5 \cdot 61 + 0{,}5 \cdot 54 = 57{,}5\%$. Dabei bilden die β-Kristalle eine zusammenhängende Grundmasse, während dies bei Legierungen mit weniger Zn die α-Kristalle tun.

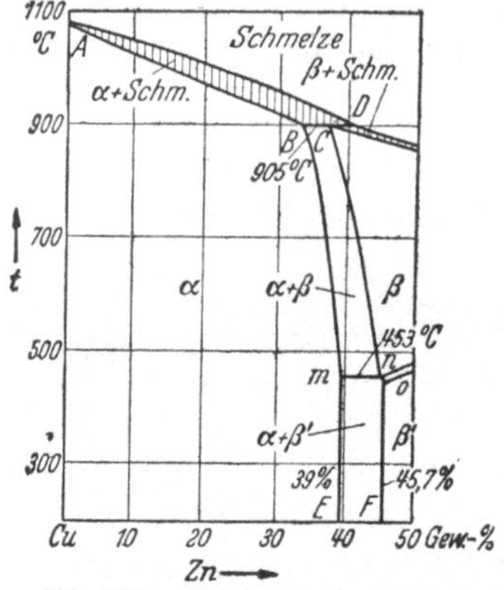

Abb. 137. Zustandsschaubild der Cu-Zn-Legierungen bis 50% Zn. (Vgl. auch Abb. 183.)

Die Zugfestigkeit der Mischkristalle hängt von ihrer Zusammensetzung und von der Vorbehandlung der Legierung ab. Sie nimmt bei α-Kristallen mit steigendem Zn-Gehalt mäßig zu, etwa von 20 auf 32 kg/mm² in geglühtem Werkstoff. Dagegen haben β-Kristalle mit 54% Cu eine Zugfestigkeit von etwa 45 kg/mm². Bei Legierungen zwischen 61% und 54% Cu nimmt durch steigenden β-Gehalt die Festigkeit fast geradlinig von 32 auf 45 kg/mm² zu, während die Dehnbarkeit etwa von 35 auf 20% abnimmt. Umgekehrt sind in der Wärme die β-Kristalle dehnbarer als die α-Kristalle. Schmiedemessing enthält daher zweckmäßig einen größeren Anteil an β-Gefüge, wie z. B. sog. Muntzmetall mit 60% Cu (Abb. 141). Mit der Zusammensetzung des Gefüges aus α- und β-Kristallen hängt auch die Farbe der Ms-Legierungen zusammen. Cu-reiche Mischkristalle (Tombak) sind rötlich; mit zunehmendem Zn-Gehalt gehen sie allmählich über Gelbrötlich ins Grüngelbliche über, um vom Auftreten der rötlichen β-Kristalle an die Farbenreihe wieder umgekehrt zu durchlaufen, bis Legierungen mit 54% Cu wieder rot aussehen, ähnlich wie Tombak. Wenn im Bruch von Messingguß gelbliche und rötliche Kristalle zu unterscheiden sind, so handelt es sich meist nicht um eine schlechte Mischung, wie oft angenommen wird, sondern um α- und β-Körner.

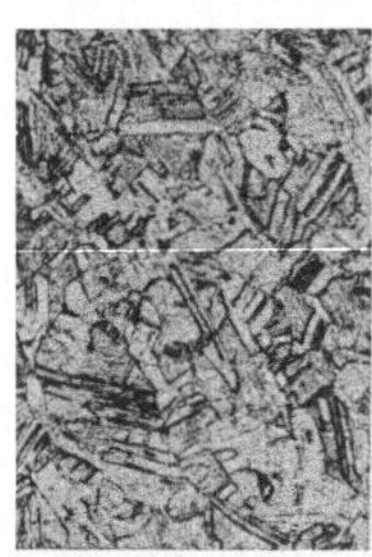
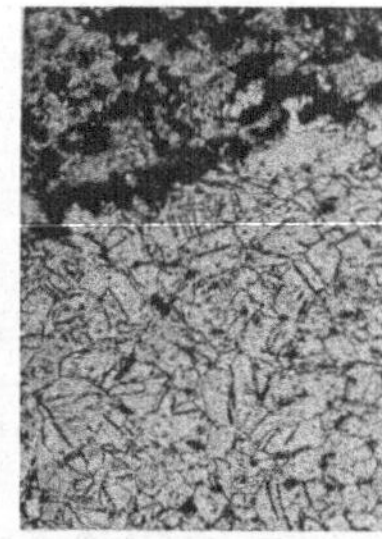
Abb. 138. V = 100. Abb. 139. V = 100.

Abb. 138. α-Messing. Ätzung: Cr-Schwefels. Kondensatorrohr mit 64% Cu. $\sigma_B = 43$, $\delta = 35\%$. — Abb. 139. α — Messing mit wenig β (dunkle Körnchen). Ätzung: Cr-Schwefels. Kondensatorrohr mit 62% Cu. Oben „entzinkte" Innenwand.

β-Kristalle sind unedler [34] als α-Körner. Daher sind α/β-Messinge weniger korrosionsbeständig (Abb. 139) als reines α-Ms, das z. B. für Kondensatorrohre verwendet wird (Abb. 138). Die Korrosion dringt an den wahrscheinlich weniger reinen Korngrenzen entlang, ähnlich wie auch die Warmrisse infolge Veränderung der Korngrenzen an diesen entlang verlaufen. Ammoniak (auch Quecksilber) dringt längs der Korngrenzen leicht in Ms ein und zerstört sie, so daß Teile, die unter inneren Spannungen stehen, aufreißen können. Kaltverformen ruft grundsätzlich gleiche Erscheinungen wie beim Eisen hervor (Abb. 146), auch Erweichung und Rekristallisation entsprechen grundsätzlich den Vorgängen beim Eisen, hängen jedoch in ihrer Größe stark von der Zusammensetzung der Legierung ab.

44. Sondermessing. Messinglote. Als Sondermessing (So-Ms) bezeichnet man Messing mit 55···60% Cu, das außer Zn Zusätze an Ni, Mn, Al, Fe, Sn bis etwa 4%, äußerstenfalls bis 7,5%, enthält. Diese Messingsorten werden manchmal fälschlich Bronzen genannt (z. B. Stahlbronze, Aluminiumbronze usw.). Ms mit 2···3% Pb ist kein So-Ms. Pb scheidet sich im Gefüge in kleinen Kügelchen aus und erleichtert die Bearbeitung, weil infolge der Einschlüsse brüchige Späne entstehen. Ni, Mn und Al bilden mit Cu Mischkristalle, Fe und Mn verursachen dagegen Bildung besonderer Gefügebestandteile. Wie bei Fe-C-Legierungen das Zustandsschaubild durch Zusätze, die Mischkristalle bilden, verändert wird [33], so auch bei Cu-Zn-Legierungen. Nickel und Mangan ersetzen in der Legierung Cu, erweitern also den Bereich der α-Kristalle; Aluminium ersetzt Zn und verengt diesen Bereich. Zahlenmäßig ersetzt 1% Ni ungefähr 1% Cu, Mn erheblich weniger, während 1% Al 6% Zn zu ersetzen vermag, also im Gefüge die β-Kristalle erheblich vermehrt und entsprechend die Festigkeit erheblich steigert

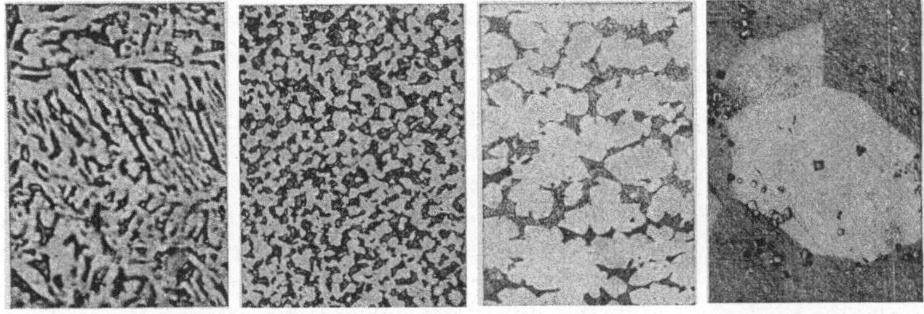

Abb. 140a. V = 100. Abb. 140b. V = 100. Abb. 141. V = 100. Abb. 142. V = 50.

Abb. 140a u. b. α/β-Messing mit 58% Cu (Ms 58). Ätzung: $FeCl_3$ + HCl. Hell α. a) Preßkopf mit Gußgefüge b) Daraus gepreßte Stange, $\sigma_B = 45$, $\delta = 20\,\%$. — Abb. 141. α/β-Messing mit 60% Cu (Muntzmetall). Ätzung: $FeCl_3$ + HCl. Gewalzte Kondensatorrohrwand. $\sigma_B = 41$, $\delta = 36\,\%$. — Abb. 142. β-Messing, Sandguß, mit 58% Cu, 36% Zn, 1,5% Fe, Rest Mn, Al (sog. Stahlbronze). Ätzung: Amm.-Persulf. Schiffsschraube. $\sigma_B = 68$, $\delta = 26\,\%$.

(Abb. 142). Auch die Mischkristalle an sich werden durch die Zusätze fester, so daß So-Ms je nach seiner Zusammensetzung bei Guß $\sigma_B = 40\cdots70\,kg/mm^2$ bei $\delta = 25\cdots10\,\%$, bei Walz- und Preßerzeugnissen $\sigma_B = 50\cdots85\,kg/mm^2$ und $\delta = 25\cdots15\,\%$ erreicht.

Die Zusätze wirken zum Teil auch desoxydierend, d. h. sie binden beim Guß den Sauerstoff an Schlacken. Kornverfeinernd wirkt Eisen, das bis zu etwa 0,4% im Mischkristall gelöst wird, darüber hinaus aber in kleinen, eckigen, bläulichen Einschlüssen ausgeschieden wird (Abb. 142). Es erhöht Streckgrenze und Zugfestigkeit, verringert aber die Dehnbarkeit. Zinn wird bis zu 0,7% gelöst und bildet darüber hinaus mit Cu und Zn eine besondere Mischkristallart, die die β-Kristalle einhüllen und die Legierung dadurch korrosionsbeständiger machen. Durch Zusetzen mehrerer der erwähnten Bestandteile entstehen verwickelt zusammengesetzte Vielstoffsysteme, bei denen die Wirkungen der Einzelbestandteile sich aufheben oder steigern können.

Hartlote[1] sind Cu-Zn-Legierungen mit 54···42% Cu, also mit verhältnismäßig niedrigem Schmelzpunkt, der unter dem Schmelzpunkt der zu lötenden Teile liegen muß. Ms-Lot mit 54% Cu schmilzt nach Abb. 136 in einem engen Bereich bei etwa 860° und wird zu Eisen- oder Bronzelötungen verwendet. Die

[1] Siehe auch Heft 28, Löten.

niedriger schmelzenden Lote dienen zum Löten von Ms, dessen Cu-Gehalt 18···20% über dem des Lotes liegen muß. Das flüssige Lot tauscht mit dem Grundmetall Bestandteile aus, so daß sich an den Loträndern Mischkristalle bilden, die die feste Verbindung bewirken. Manchmal sind in ein und demselben Kristall zwei verschiedene Arten von Mischkristallgittern enthalten. Glüht man eine Lötung, so verankern sich die Bestandteile von Lot- und Grundmetall noch mehr ineinander. Da Lote stets β-Kristalle enthalten, korrodieren sie bei Verbindung mit α-Ms verhältnismäßig leicht und lassen sich auch weniger stark kalt verformen. Durch den Silberzusatz der Silberlote kann man diese Eigenschaften verbessern.

B. Bronzen und Kupfer-Nickel-Legierungen.

45. Zinnbronze und Rotguß. Zinnbronze enthält außer Cu im allgemeinen nicht mehr als 20% Zinn (Sn), da sich bei höheren Gehalten spröde Sn-Cu-Verbindungen bilden, die das Metall technisch unbrauchbar machen. Nach dem Zustandsschaubild (Abb. 143) bestehen bei gewöhnlicher Temperatur einheitliche, sog. α-Mischkristalle bis zu einem Sn-Gehalt von etwa 14%. Beim Erstarren und Abkühlen gleichen sich die Sn-Gehalte sehr langsam aus; daher enthält Bronzeguß stets ausgeprägte Zonenkristalle (Abb. 144) und praktisch schon bei etwa 10% Sn neben den α-Kristallen eine zweite, hellgraue Kristallart, die sog. δ-Kristalle (Abb. 144). Diese werden nicht unmittelbar aus der Schmelze abgeschieden, sondern entstehen bei 250° durch Umkristallisation aus den sog. γ-Kristallen, die sich ihrerseits bei 587° aus den ursprünglichen β-Kristallen bilden. Die δ-Kristalle sind die chemische Verbindung Cu_4Sn mit 68,2% Cu und 31,8% Sn. Sie bilden mit den α-Mischkristallen ein Eutektoid (Punkt J in Abb. 143), spielen also hier die gleiche Rolle wie Eisenkarbid (Fe_3C) im Perlit. Die δ-Kristalle machen die Bronze spröde und hart und schwer verformbar. Dagegen sind sie in Lagerbronzen (z. B. mit 10% Sn) als tragender Gefügebestandteil erwünscht. Dieser nützt beim Einlaufen weniger ab als die weicheren α-Kristalle, so daß sich zwischen diesen und dem Laufzapfen eine Schmierölschicht bilden kann.

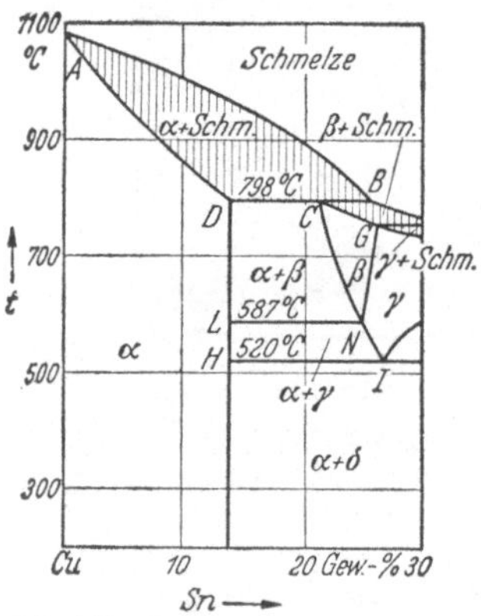

Abb. 143. Zustandsschaubild der Cu-Sn-Legierungen bis zu 30% Sn.

Durch Sauerstoffaufnahme beim Schmelzen entstehen im Gefüge manchmal kleine, dunkle, eckige Einschlüsse von Zinnsäure (SnO_2), die sehr hart sind. Setzt man der Schmelze Phosphor zu in der sog. Phosphorbronze, so verbindet dieser sich mit O und geht in die Schlacke, dient also lediglich zum Desoxydieren, ohne selbst einen Gefügebestandteil zu bilden, es sei denn, daß zuviel P in der Schmelze war. Dann wird ein geringer P-Anteil im Mischkristall gelöst, während der dann noch überschüssige P dem Eisenphosphideutektikum ähnliche Einschlüsse bildet, die in Lagerbronzen die tragenden Gefügeteile bilden können, sonst aber unerwünscht sind, weil sie die Bronze spröde machen.

Walzbronzen enthalten meist etwa 6···10% Sn, bestehen also aus α-Kristallen und sind sehr korrosionsbeständig bei hoher Festigkeit und Dehnung ($\sigma_B = 40 \cdots 50$ kg/mm², $\delta = 70 \cdots 50$%). Kaltwalzen kann die Festigkeit bis auf etwa 90 kg/mm² steigern, wobei die Dehnung allerdings stark abnimmt. Gußbronze enthält zur Verbesserung der Gießbarkeit meist etwas mehr Sn, und zwar 14···20%, hat also α/δ-Gefüge. Die Festigkeit steigt mit dem Sn-Gehalt von etwa 30 bis 40 kg/mm². Die Dehnbarkeit, die durch den spröden δ-Bestandteil beeinträchtigt wird, beträgt 5···10%. Beim Rotguß ist Sn zum Teil durch Zn ersetzt, wodurch gute Gießbarkeit erzielt wird. Er hat meist α/δ-Gefüge (Abb. 145) und ist daher als Lagermetall geeignet. Zusatz von Blei, das sich auch hier in kleinen Kügelchen abscheidet, erleichtert die Zerspannung, weil die Späne kurz und brüchig werden (s. [13], Automatenstahl).

46. Sonderbronzen nennt man normengemäß Legierungen mit mindestens 78% Cu und einem oder mehreren Zusatzmetallen (Al, Mn, Mg, Si, Ni, Fe, Pb, Cd), unter denen jedoch Zn nicht überwiegt. Bei geringen Zusatzmengen bestehen sie aus α-Mischkristallen, haben also homogenes Gefüge. Mit zunehmenden Fremdbestandteilen wächst die Festigkeit der Mischkristalle, während die elektrische Leitfähigkeit abnimmt. Leitungsbronzen sind daher nur schwach legiert (0,1···0,8% Mg bzw. 1% Sn und 1% Cd), weil die Erhaltung der Leitfähigkeit wichtiger ist als die Steigerung der Festigkeit (Abb. 146). Stark wird die Festigkeit durch einen Zusatz von 4···10% Al bei den sog. Aluminium-

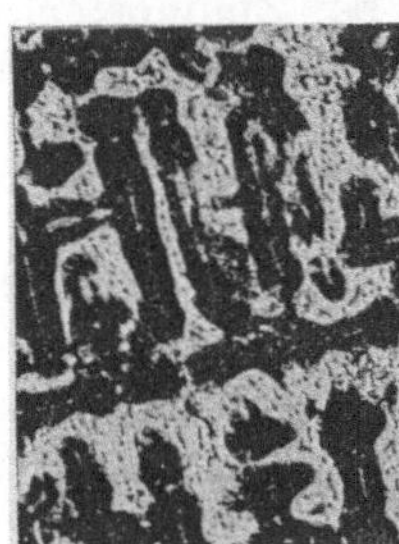

Abb. 144. $V = 50$.

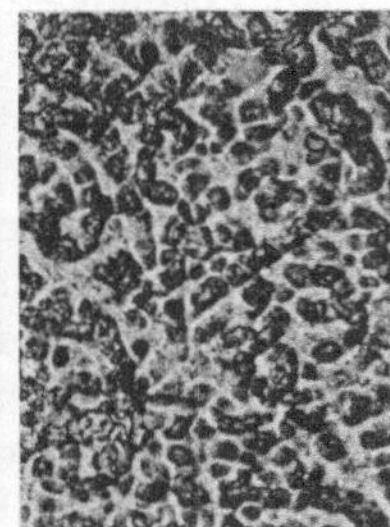

Abb. 145. $V = 100$.

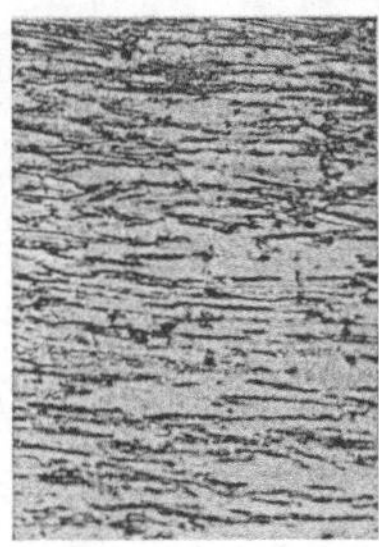

Abb. 146. $V = 100$.

Abb. 147. $V = 50$.

Abb. 144. Sn-Gußbronze, Sandguß (GBz 14) mit 14% Sn. Ätzung: Cr-Säure. Dunkel: α-Zonenkristalle; hell: α/δ-Eutektoid. $\sigma_B = 27$, $\delta = 40\%$. — Abb. 145. Rotguß, Schleuderguß (Rg 5) mit 5% Sn, 7% Zn, 3% Pb. Ätzung: $NH_3 + H_2O_2$. Lagerbüchse. Helles Netzwerk: α/δ-Eutektoid, hart, im Lager tragend. $\sigma_B = 26$, $\delta = 12\%$. — Abb. 146. Cd-Bronze (Leitungsbronze) mit 1% Sn und 1% Cd. Ätzung: $NH_3 + H_2O_2 \cdot \sigma_B = 47$, $\delta = 9\%$. Gezogener Fahrdraht. — Abb. 147. Al-Gußbronze, Sandguß, mit 9% Al und 3% Fe. Ätzung: $FeCl_3 + HCl$. α-Gefüge mit wenig β (dunkel), $\sigma_B = 44$, $\delta = 31\%$.

bronzen erhöht, die im warmgewalzten Zustand $\sigma_B = 35\cdots50$ kg/mm² und $\delta = 40\cdots30\%$ erreichen. Die gelben deutschen 5- und 10-Pf.-Münzen bestehen aus Al-Bronze mit 8,5% Al und haben homogenes α-Gefüge (ähnlich Abb. 138), das den Vorteil hat, gut warmverformbar und korrosionsbeständig zu sein. Solches Gefüge haben bei langsamer Abkühlung Al-Bronzen bis zu etwa 10% Al-Gehalt. Nach der Erstarrung bildet allerdings das über 7% überschießende Al einen β-Bestandteil, der bei Guß ganz oder zum Teil erhalten bleibt (Abb. 147), bei langsamer Abkühlung sich aber in α-Gefüge umwandelt. Mn bildet bis zu einem Gehalt von 30% mit Cu α-Mischkristalle. Die sog. Manganbronze ist warmfest, d. h. sie behält auch in der Wärme ihre guten Festigkeitseigenschaften bei. Der elektrische Widerstand der reinen Metalle nimmt mit steigender Temperatur stark zu. Diese Eigenschaft, die für elektrische Widerstände ungünstig ist, verliert sich bei zunehmenden Zusätzen im α-Mischkristall und hat bei einer bestimmten Mischung einen günstigsten Wert, z. B. bei dem bekannten Widerstandsmetall Manganin mit 84% Cu, 12% Mn und 4% Ni.

Bei höheren Gehalten kann das Gefüge außer den α-Mischkristallen noch andere Gefügebestandteile enthalten, also inhomogen (ungleichartig) sein. Dasselbe kann auch bei geringeren Gehalten der Fall sein, wenn durch zu schnelles Abkühlen eine gleichmäßige Verteilung der Bestandteile verhindert wurde (Kristallseigerung [21]). Zum Beispiel können in Al-Gußbronze noch unumgewandelte, spröde β-Kristalle im Gefüge sein. Aus diesem Grunde und wegen weiterer Gefügeumwandlungen ist die Zusatzmenge an Al auf etwa 10 % beschränkt. Eisen wird in Al-Bronze zur weiteren Erhöhung der Festigkeit zugesetzt. Dadurch entsteht z. B. bei 10 % Al und 4 % Fe außer α/β-Gefüge noch ein dritter Gefügebestandteil in Gestalt kleiner graublauer Einschlüsse. Blei scheidet sich in dunklen, rundlichen Einschlüssen ab; es wird zur Verbesserung der Laufeigenschaften von Lagerbronzen für hochbelastete Lager zugesetzt. Vielleicht wirkt das Blei schmierend.

47. Aushärtbare Bronzen, die in letzter Zeit an Bedeutung gewinnen, erhält man durch Zusätze von Bestandteilen zu Cu, die bei höherer Temperatur in größerer Menge im Mischkristall gelöst werden als bei tieferen [39]. Während z. B. Cu bei 850° C 3 % Beryllium (Be) lösen kann, sinkt die Löslichkeit bei Zimmertemperatur auf etwa 0,6 % ab. Verhindert man zunächst durch Abschrecken von etwa 800° C die Ausscheidung und fördert sie nachträglich durch mäßige Erwärmung, so steigern die dann entstehenden feinen Ausscheidungen Härte und Festigkeit (Abb. 148a u. b). Durch Zusatz von 1⋯2 % Ni neben geringen Mengen Fe und Si erhält man eine mechanisch und chemisch sehr widerstandsfähige Bronze. Abb. 149 zeigt eine solche im kaltgereckten und vergüteten Zustand. Kennzeichnend sind die zahlreichen Zwillingsbildungen infolge innerer Spannungen [14].

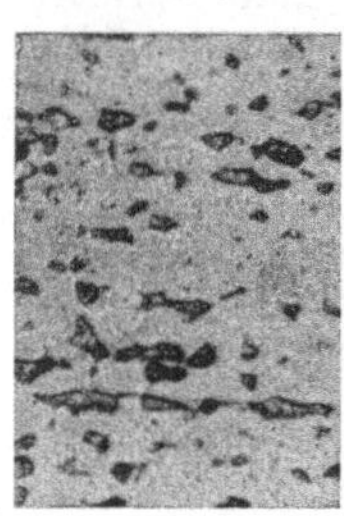
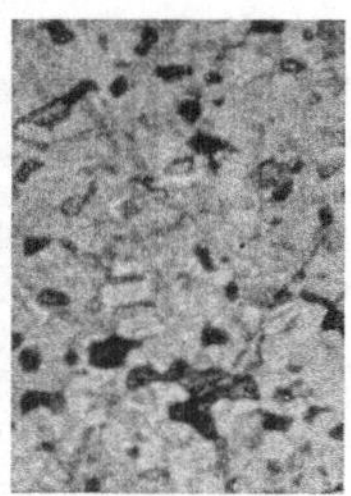

Abb. 148a. V = 200. Abb. 148b. V = 200. Abb. 149. V = 200.

Abb. 148a u. b. Berylliumbronze mit 2,4 % Be. α-Grundmasse hell, β-Bestandteil dunkel. a) kaltgewalzt, Zeilengefüge, $H = 204$; b) 2 Stunden auf 300° C erhitzt, $H = 318$.

Abb. 149. Aushärtbare Bronze mit 2 % Ni, 0,2 % Fe, 0,45 % Si, kaltgewalzt und 1 Stunde bei 400° C angelassen. α-Gefüge mit Zwillingsbildungen. $\sigma_B = 70$, $\delta = 10$ %, $H = 213$.

48. Nickelkupfer (Monel). Neusilber. Nickelkupfer enthält nach Abb. 135 in allen Zusammensetzungen ein einheitliches Mischkristallgefüge. Kennzeichnend dafür ist die geradlinige Zunahme des Widerstandes gegen elastische Formänderung (Elastizitätsmodul) vom Cu-Wert (10^6 kg/cm²) bis zum Ni-Wert ($2 \cdot 10^6$ kg/cm²), wie Abb. 150 zeigt. Die Festigkeit der Mischkristalle steigt an sowohl gegenüber reinem Cu ($\sigma_B = 22$) als auch gegenüber reinem Ni ($\sigma_B = 50$), und hat bei etwa 67 % Ni einen Höchstwert ($\sigma_B = 57$ kg/mm²). Unterhalb 67 % Ni sind die Mischkristalle unmagnetisch, darüber magnetisch. Die Legierung mit 67 % Ni wird als Monelmetall (Abb. 151) in Amerika unmittelbar aus entsprechend zusammengesetzten Erzen gewonnen (Naturlegierung). Sie hat nicht nur die günstigsten mechanischen Eigenschaften, sondern widersteht auch am besten chemischen Angriffen. Die Dehnbarkeit der Cu-Ni-Mischkristalle ist weniger von der Zusammensetzung als

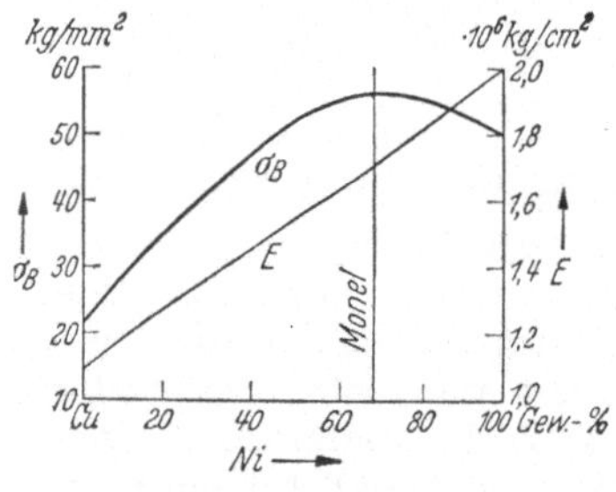

Abb. 150. E-Modul und Zugfestigkeit (σ_B) der Cu-Ni-Legierungen.

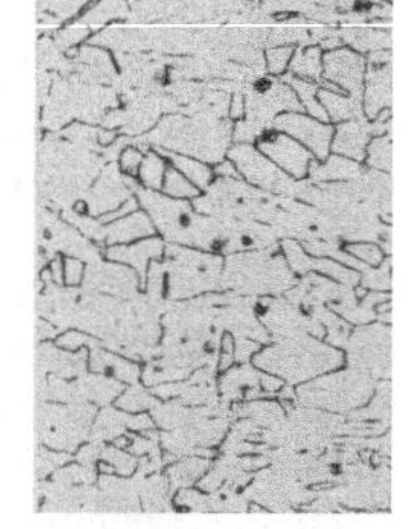

Abb. 151. V = 100. Monelmetall, gewalzt. Ätzung: HNO_3 + Eisessig. Turbinenschaufel. $\sigma_B = 85$, $\delta = 31$ %.

der Vorbehandlung abhängig; sie beträgt bei geglühtem Werkstoff 35···40%. Die mechanischen Eigenschaften sind auch bei höherer Temperatur verhältnismäßig beständig. Fast alle Legierungen sind chemisch widerstandsfähig, sie werden daher benutzt z. B. zu Stehbolzen (2,5% Ni), Kondensatorrohren (15% Ni), Münzen (25% Ni), chemischen Geräten (33% Ni). Der elektrische Widerstand ist etwa bei 40···50% Ni am größten und seine Temperaturbeeinflussung am kleinsten. Diese Legierungen werden daher für elektrische Widerstände und Thermoelemente (Konstantan mit 43,5% Ni) verwendet.

Im Neusilber (auch Argentan, Alpakka usw. genannt) ist außer Cu und Ni noch Zn enthalten, und zwar bei 45···70% Cu und 7···30% Ni noch 15···50% Zn. In China wird eine solche Legierung, sog. Packfong, seit alters unmittelbar aus Erzen als Naturlegierung gewonnen. Die meisten Legierungen bestehen nach dem Erstarren (s. Zustandsschaubild Abb. 152) aus einheitlichen, ternären [28] α-Mischkristallen, im Schliff ähnlich wie Abb. 151. Ni erhöht die Festigkeit, verringert aber die Dehnbarkeit des Mischkristalls; Zn dagegen erhöht bei Gehalten bis zu 25% die Dehnung und auch die Festigkeit. Der Schmelzpunkt, der zwischen 900° und 1200° liegt, wird durch Zn erniedrigt (Abb. 152). Im Glühzustand hat das α-Gefüge eine mittlere Zugfestigkeit von etwa 40 kg/mm² bei 40% Bruchdehnung (60% Cu, 20% Zn, 20% Ni). Durch Kaltverformung kann die Zugfestigkeit auf 70 kg/mm² steigen bei Rückgang der Dehnung auf etwa 7%. Bei Glühtemperaturen von 500···600° erweicht es. Zwischen 600 und 700° kann man es „normalisieren", bei höherer Temperatur besteht die Gefahr, daß sich durch Rekristallisation grobes Korn bildet. Gewisse Neusilberlegierungen mit hohem Zn-Gehalt enthalten auch einen für Warmverformung günstigen β-Bestandteil (Abb. 152), so daß sie zur Herstellung von Preßprofilen geeignet sind.

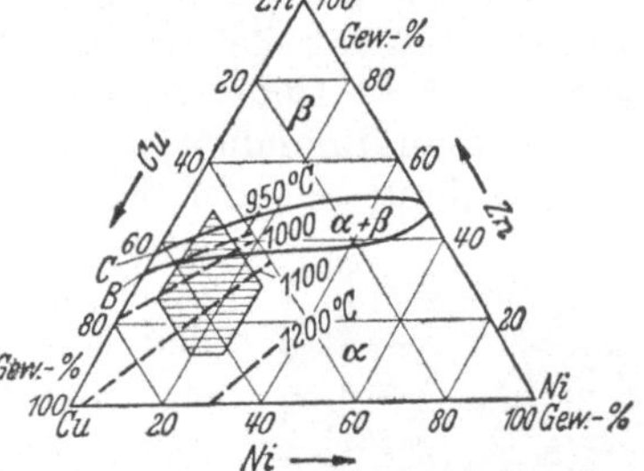

Abb. 152. Dreiecksschaubild der Cu-Ni-Zn-Legierungen (vereinfacht). Die Gefügebereiche gelten für die untere Erstarrungsgrenze (s. Punkte *B* und *C* in Abb. 137). Gestrichelte Linien: Legierungen von gleichem Schmelzpunkt. Schraffierte Fläche: Bereich der handelsüblichen Legierungen.

C. Leichtmetalle[1].

49. Leichtmetalle nennt man als Baustoffe verwendbare Metalle, deren spezifisches Gewicht nicht größer ist als etwa 3,5 g/cm³. Sehr leichte Metalle sind Lithium ($\gamma = 0{,}53$), Kalium ($\gamma = 0{,}87$), Natrium ($\gamma = 0{,}98$), Kalzium ($\gamma = 1{,}55$), Beryllium ($\gamma = 1{,}84$), Silizium ($\gamma = 2{,}34$), doch können diese aus verschiedenen Gründen nicht als Baustoffe, sondern nur, wenigstens zum Teil, als Legierungszusätze zu solchen verwendet werden. Als Baustoffe bleiben nur Al ($\gamma = 2{,}70$) und Magnesium ($\gamma = 1{,}75$) übrig, von denen Mg auch nur in legiertem Zustand als Baustoff dienen kann, während Al als sog. Reinaluminium in technisch reinem Zustand, d. h. je nach dem geforderten Reinheitsgrad mit 0,5···2% Beimengungen, sowohl gegossen als auch gewalzt, gezogen usw. verwendet wird. Es hat im gewöhnlichen Zustand eine Zugfestigkeit von etwa 8···10 kg/mm² bei einer Bruchdehnung von 45···25%. Je reiner, um so weniger fest, aber um so dehnbarer ist es. Mg hat den Vorteil, ein rein deutscher Werkstoff zu sein.

Das spezifische Gewicht der Metalle hängt sowohl vom Gewicht eines einzelnen Atoms als auch von dem Raum ab, der jedem Atom im Raumgitter zur Ver-

[1] Näheres s. Heft 53, Nichteisenmetalle II (Leichtmetalle).

fügung steht. Die flächenzentrierten Würfel des Al-Gitters haben eine Kantenlänge von 4,04 Å, also einen Rauminhalt von etwa 66 Å^3. Zu jedem Würfel gehören 4 Atome (Abb. 35). Jedem Atom steht also im Mittel ein Raum von $66/4 = 16{,}5$ Å$^3 = 16{,}5/10^{24}$ cm^3 zur Verfügung. Das Gewicht eines einzelnen Atoms ergibt sich aus dem relativen Atomgewicht, das bei allen Stoffen das Gewicht von $6{,}06 \cdot 10^{23}$ (Loschmidtsche Zahl) Atomen in g angibt. Es beträgt für Al 26,97. Ein Al-Atom wiegt demnach $26{,}97/6{,}06 \cdot 10^{23} = 4{,}455/10^{23}$ g. Diesem sehr kleinen Gewicht steht der sehr kleine Raum von $16{,}5/10^{24}$ cm^3 zur Verfügung, so daß sich für das spezifische Gewicht findet $\gamma = 4{,}455 \cdot 10^{24}/16{,}5 \cdot 10^{23} = 2{,}70$ g/cm^3. Ähnlich erhält man für Mg mit dem relativen Atomgewicht 24,32, wo jedem Atom ein Raum von 22,9 Å^3 zur Verfügung steht, das spezifische Gewicht $\gamma = 24{,}32 \cdot 10^{24}/6{,}06 \cdot 22{,}9 \cdot 10^{23} = 1{,}75$ g/cm^3. Mg hat jedoch keine würfelförmigen Raumgitterzellen, sondern solche mit sechseckiger Grundfläche, ähnlich wie Bienenwaben (Abb. 170). Demgegenüber gehören bei dem Schwermetall Eisen nur 2 Atome zu jeder Würfelzelle vom Rauminhalt $2{,}86^3$Å^3 (Abb. 35). Mit dem relativen Atomgewicht 55,84 findet man $\gamma = 2 \cdot 55{,}84 \cdot 10^{24}/6{,}06 \cdot 2{,}86^3 \cdot 10^{24} = 7{,}87$ g/cm^3.

50. Reinaluminium erstarrt bei 660°. Da es praktisch 0,3 ··· 2% Verunreinigungen (hauptsächlich Fe und Si) enthält, ist es strenggenommen als Legierung anzusprechen. Innerhalb der geringen vorhandenen Mengen scheidet sich Si rein, Fe als chemische Verbindung $FeAl_3$ an den Korngrenzen ab (Abb. 163). Das beim Erstarren entstehende Al-Raumgitter wandelt sich bei weiterem Abkühlen nicht um. Das Korn von spannungsfrei erstarrtem Guß, das um so gröber ist, je reiner das Al, ändert seine Größe durch Erhitzung nicht. Al neigt sehr stark zur Transkristallisation [20], da infolge der großen Wärmeleitfähigkeit leicht ein starkes Temperaturgefälle entsteht. Um das möglichst zu vermeiden, gießt man Walz-, Preß- oder Schmiedeblöcke in schweren Eisenformen, die auf 400 ··· 450° vorgewärmt werden, und zwar bei Gießtemperaturen, die wenig über der Erstarrungstemperatur liegen. Beim Erstarren vermindert sich der Rauminhalt des Al um mehr als 6%, so daß ein großer Lunker entsteht (Abb. 153), der beim Blockgießen durch Nachgießen von heißem Metall ausgefüllt wird.

Abb. 153. V = 1/2. Al-Blöckchen mit Lunker.

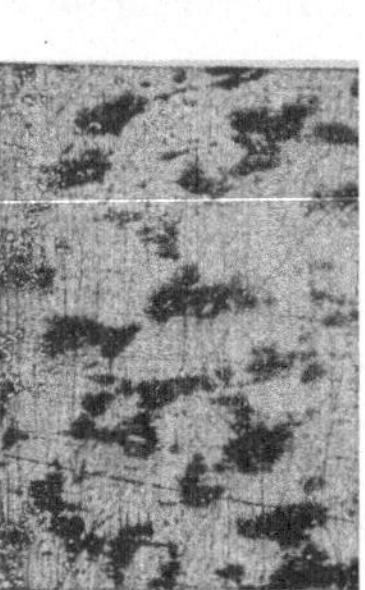

Abb. 154. V = 20. Narbige Oberfläche eines tiefgezogenen Gefäßes aus grobkörnigem Al-Blech.

Hinsichtlich Kaltverformung, Erweichung und Rekristallisation verhält sich Al grundsätzlich wie Eisen. Sehr reines Al verträgt ohne Zwischenglühen Kaltreckung um 90%. Für Tiefziehzwecke muß es hinreichend feinkörnig sein ($\varphi = 500 \cdots 1500\ \mu^2$ [3]), da sonst die Oberflächen der gezogenen Teile narbig werden (Abb. 154). Durch Erhitzen auf 100 ··· 200° wird das Korn erweicht (Kristallerholung [35]). Die Rekristallisation beginnt nach starker Verformung (90%) bei etwa 250°, nach geringer (2%) bei etwa 600°. Um grobes Korn nach Kaltverformung zu vermeiden, erhitzt man schnell auf 450 ··· 500°, d. h. etwas über die untere Rekristallisationsgrenze, am besten im Salzbad. Teile, die nach rekristallisierendem Glühen kalt wenig nachverformt werden, darf man nicht nochmals glühen, da sie sonst sehr grobkörnig werden können. Man kann auf diese Weise Al-Einkristalle herstellen [36].

Auch die Warmverformung geht grundsätzlich wie beim Eisen vor sich. Damit sie im Temperaturgebiet der Rekristallisation erfolgt, beträgt die Blocktemperatur beim Schmieden und Walzen etwa 500°, die tiefste Recktemperatur 280°. Die Preßtemperatur liegt zwischen 450 und 500°. Reckgrade unter 20%, bei denen die Gefahr der Grobkornbildung besteht, vermeidet man.

51. Aushärtbare Al-Legierungen. Der bei Stahl unerwünschte und als Alterung bezeichnete Vorgang der Ausscheidungshärtung [39] wird bei Al-Legierungen im größten Maßstab absichtlich hervorgerufen, um durch ihn die Festigkeit der Legierungen, die an sich gering ist, zu heben. Er wird daher hier sinngemäß meist als Vergütung bezeichnet. Praktisch kommen hierfür hauptsächlich Legierungen mit Cu, Mg und Si in Frage. Alle diese Bestandteile werden bei höheren Temperaturen in größerer Menge vom Al-Mischkristall aufgenommen als bei tieferen, so daß sich im Zustandsschaubild ein der Linie *PQ* (Abb. 73) ähnlicher Verlauf der Mischkristallgrenze ergibt (Abb. 155). Die älteste derartige Legierung ist das Duralumin mit 3⋯4% Cu, 0,5% Mg und etwas Mn (Abb. 158). Reine Al-Mg-Legierungen lassen sich nicht vergüten, wohl aber, wenn sie noch einen geringen Si-Gehalt haben, der die chemische Verbindung Mg_2Si eingeht. Zum Beispiel enthält eine solche im Handel befindliche Legierung 0,8⋯2% Mg und 0,5⋯1% Si neben etwas Mn. Andere Legierungen sind ähnlich zusammengesetzt, sie haben die verschiedensten Firmennamen. Gemeinsam bezeichnet man sie als zur Legierungsgattung Al-Mg-Si gehörig, wie Duralumin und alle ähnlich zusammengesetzten Legierungen zur Gattung Al-Cu-Mg rechnen.

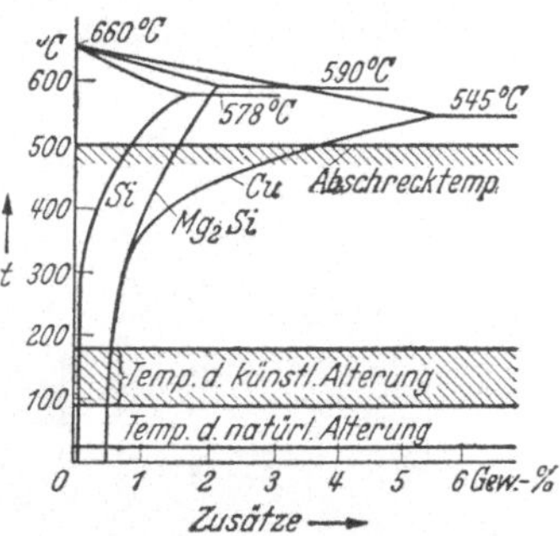

Abb. 155. Löslichkeitsgrenzen und Aushärtetemperaturen bei Al-Legierungen.

Um Aushärtung zu erreichen, erhitzt man die Legierungen zunächst auf etwa 500°, damit sich die Legierungsbestandteile im α-Mischkristall gleichmäßig verteilen. Durch Abschrecken in Wasser hält man diesen Zustand künstlich fest. Dadurch wird die Festigkeit schon erhöht. Zum Beispiel war bei einer Legierung mit 5% Cu vor dem Glühen $\sigma_B = 14$ kg/mm², nach dem Abschrecken aber $= 28$ kg/mm². Dann wurde die Legierung auf 160° erhitzt, d. h. künstlich gealtert (Abb. 155). Nach dem Erkalten war σ_B auf 38 kg/mm² gestiegen. Die Bruchdehnung von 25% beim geglühten Werkstoff hatte nach dem Aushärten auf 20% abgenommen. Manche Legierungen härten schon beim Lagern bei Zimmertemperatur im Laufe von einigen Tagen aus; man nennt das natürliches Altern. Man kann sowohl warmgeknetete wie auch Gußlegierungen durch Aushärten vergüten, jedoch führt die Behandlung bei Gußstücken wegen der Unterschiede im Gefüge besonders bei verschiedenen Wandstärken zu weniger gleichmäßigen Ergebnissen.

Erhitzt man bei oder nach dem Altern zu hoch oder zu lange, so scheiden sich die im α-Mischkristall „eingefrorenen" Teilchen unter Rückgang der Härte aus, indem sie sich zu kleinen Einschlüssen zusammenballen und nun auch im Schliffbild sichtbar werden. Gegen Erwärmung sind also ausgehärtete Legierungen empfindlich, gegen Abkühlung dagegen nicht. Sie lassen sich natürlich nicht schweißen, ohne daß die Aushärtung beseitigt wird, und werden daher vernietet. Dabei benutzt man Nieten der Gattungen Al-Cu-Mg oder Al-Cu. Die ersteren schlägt man bald nach dem Abschrecken kalt und überläßt sie dann dem natürlichen Altern; die letzteren werden nach dem künstlichen Altern ebenfalls kalt geschlagen. Es lagert sich dabei über die durch das Aushärten bewirkte Festigkeitssteigerung noch die des Kalthärtens, bei der aber die Dehnbarkeit zurückgeht. Die Zugfestigkeit einer ausgehärteten Al-Legierung mit etwa 5% Cu läßt sich durch Kaltverformen von 38 auf 45···50 kg/mm² steigern, wodurch aber die Dehnung von 20% auf 10···2% abnimmt.

D. Die Gefügeausbildung der Leichtmetallegierungen.

52. Das Gefüge der einfachen Al-Legierungen bildet sich in ganz ähnlicher Weise wie bei den Fe-C-Legierungen das Roheisengefüge: bei bestimmter Zusammensetzung erstarren die Legierungen einheitlich zu einem Eutektikum (Ledeburit entsprechend). Entsprechend der spröden Verbindung Fe_3C bilden sich bei den Al-Legierungen die ebenfalls spröden Verbindungen Al_3Fe, Al_2Cu, Al_3Mg_2 usw. Aus ihnen, ebenso wie aus dem mit Al sich nicht verbindenden Si, entstehen beim Erstarren eutektische Gefüge mit den α-Mischkristallen, und zwar bei Temperaturen, die mehr oder weniger unter dem Schmelzpunkt des Al liegen (Abb. 156, 159, 162, 165). Während jedoch beim Eisen die flächenzentrierten γ-Misch-

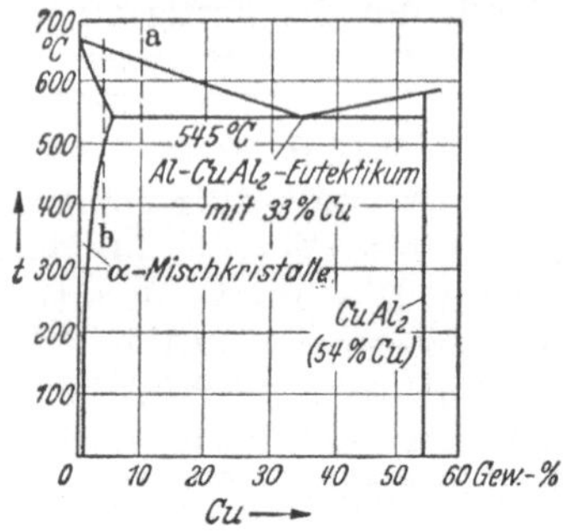

Abb. 156. Teil-Zustandsschaubild von Al-Cu-Legierungen.

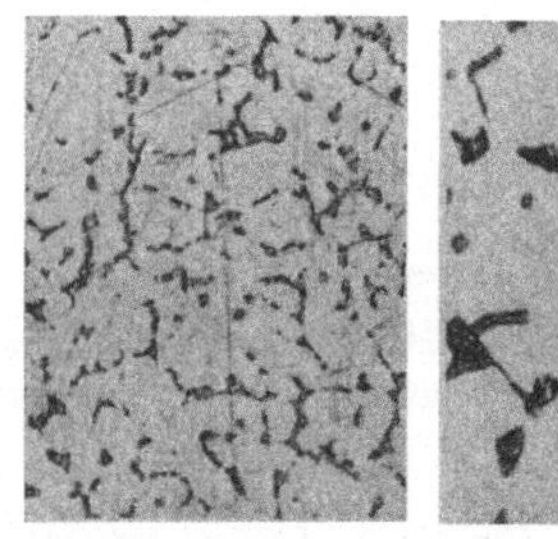

Abb. 157a. V = 100.

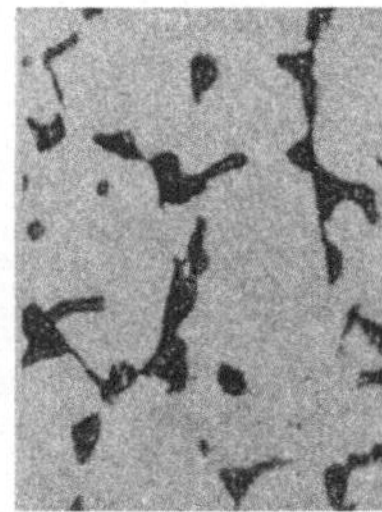

Abb 157b. V = 300.

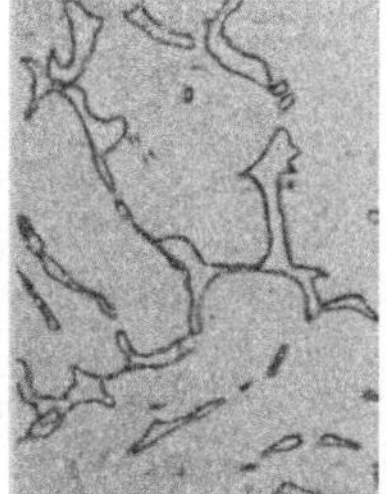

Abb. 157c. V = 300.

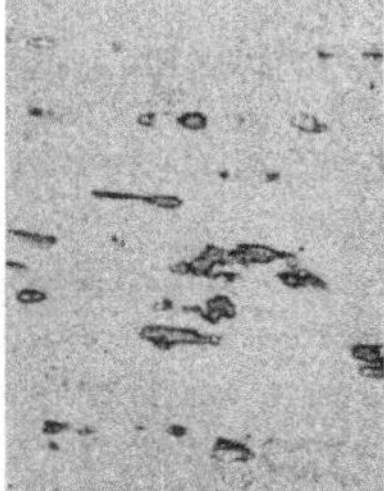

Abb. 158. V = 100.

Abb. 157a···c. Al-Cu-Kolbenguß. Leg. (*a*) in Abb. 156. γ = 2,910. *H* = 121. a) u. b) Ätzung: Pikrinsäure, Eutektikum dunkel. c) Ätzung: Heiße H_2SO_4. Eutektikum hell, umrissen. — Abb. 158. Al-Cu-Mg-Preßstange, 60 mm Durchmesser, ausgehärtet [Duraluminart, etwa Leg. (*b*) in Abb. 156]. Nicht gelöste Bestandteile zeilenförmig gestreckt. γ = 2,815, σ_B = 49, δ = 15%, *H* = 117. Ätzung: 10% NaOH (heiß).

kristalle bei weiterer Abkühlung in den raumzentrierten Ferrit übergehen und dadurch verwickelte Gefügeumwandlungen veranlassen, bleibt bei Al-Legierungen das Erstarrungsgefüge im allgemeinen erhalten. Man bezeichnet die sich zuerst abscheidenden Mischkristalle daher mit α. Ihre Zusammensetzung ändert sich freilich bei der Abkühlung [51], eine Erscheinung, auf der ja die Aushärtung beruht. Daher scheiden sich bei genügend langsamer Abkühlung die überschüssigen Bestandteile als Verbindungen mit Al ab.

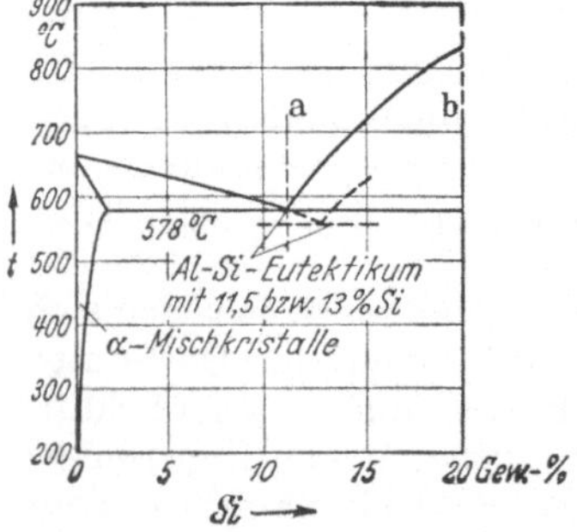

Abb. 159. Teil-Zustandsschaubild von Al-Si-Legierungen. Gestrichelt: Verschiebung des eutektischen Punktes durch geringen Na-Zusatz (Silumin).

Die meisten praktisch verwendeten Al-Legierungen sind stark untereutektisch, scheiden also zuerst α-Mischkristalle aus der Schmelze aus, deren Zwischenräume dann von dem zuletzt erstarrenden Eutektikum netzförmig ausgefüllt werden (Abb. 157, 163, 166, 168). Dieses Gefüge besitzen infolge Kristallseigerung [21] oft auch Legierungen, die nur α-Kristalle enthalten sollten. Durch längeres Glühen bildet sich dann reines α-Gefüge aus

(Abb. 168). Beim Walzen oder Schmieden zerbricht das spröde Netzgefüge und ordnet sich in der Streckrichtung zeilenförmig an (Abb. 158). Sowohl die Mischkristalle als auch das Eutektikum haben größere Festigkeit als Rein-Al, aber geringere Dehnbarkeit. Daher haben eutektische oder fast eutektische Legierungen, bei denen im Schliff das Eutektikum fast die ganze Fläche bedeckt (Abb. 160), besonders günstige mechanische Eigenschaften, wie z. B. die als Silumin bekannte Al-Si-Legierung. Bei den weniger häufigen übereutektischen Legierungen werden zunächst Si bzw. die obengenannten spröden Verbindungen ausgeschieden, so daß sie in dem später erstarrenden Eutektikum eingebettet sind (Abb. 161). Sie bilden dann harte Tragkörperchen, die diese Legierungen als Lager- oder Kolbenwerkstoff geeignet machen können. Man kann dazu mit Vorteil Fe und Si verwenden. Beide Bestandteile sind, wie erwähnt [50], in geringen Mengen als Rückstände von der Herstellung stets schon im Rein-Al enthalten (Abb. 163) und daher auch in allen Legierungen, zu deren Herstellung Al von üblichem Reinheitsgrad verwendet wurde (Abb. 164). Das Fe-Eutektikum nimmt oft an chinesische Schriftzeichen erinnernde Formen an. Im unpolierten Schliff erscheinen diese Einschlüsse rötlichgrau. Durch verschiedene Ätzmittel werden sie verschieden gefärbt. Al ergibt mit Mg witterungsbeständige Legierungen (Abb. 166).

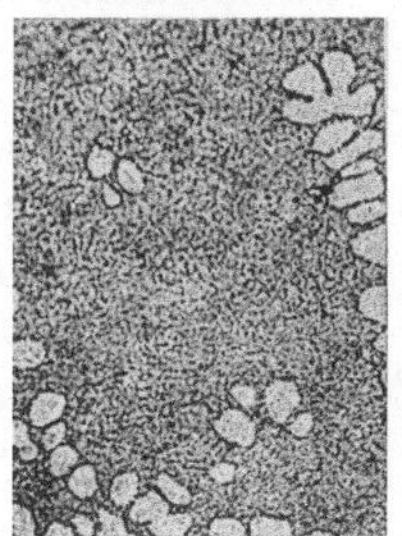
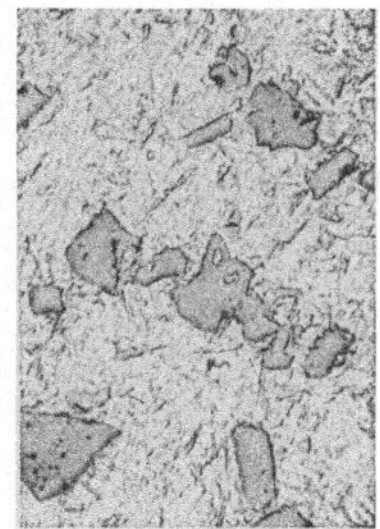

Abb. 160. V = 100. Abb. 161. V = 100.
Abb. 160. Al-Si-Kokillenguß. Leg. (*a*) in Abb. 155, eutektisch mit α-Dendriten. γ = 2,67. σ_B = 34, δ = 5 %, H = 72. Ungeätzt. Pol. mit Ammoniakzuschuß. — Abb. 161. Al-Si-Kolbenguß. Leg. (*b*) in Abb. 159, übereutektisch. Heller Grund: Eutektikum. Dunkel: Zuerst ausgeschiedene Si-Kristalle. γ = 2,735. σ_B = 19, δ = 0,4 %. H = 130. Ungeätzt.

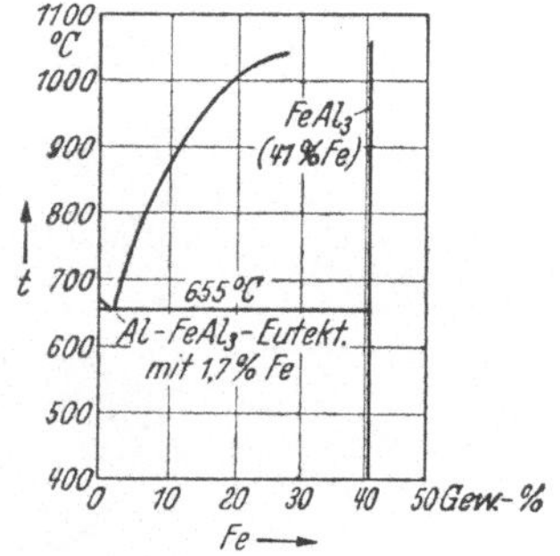

Abb. 162. Teil-Zustandsschaubild von Al-Fe-Legierungen.

53. Das Gefüge der einfachen Mg-Legierungen. Zustandsschaubilder dieser rein deutschen Legierungen mit Al, Zn und Mn zeigen die Abb. 165 und 167a u. b.

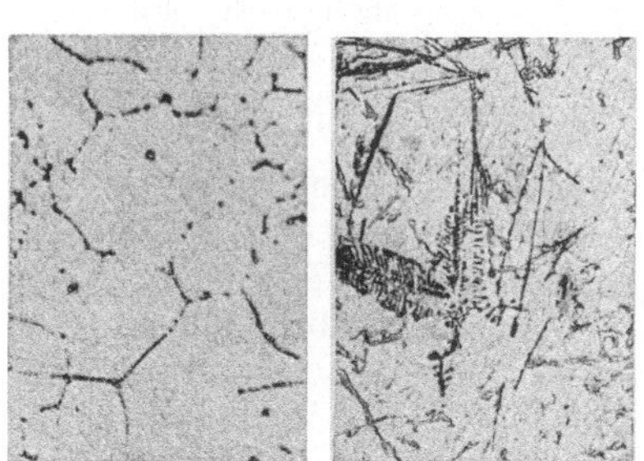

Abb. 163. V = 75. Abb. 164. V = 100.
Abb. 163. Rein-Al-Gußblöckchen, 99 proz. $FeAl_3$ und Si in den Korngrenzen, dunkel. γ = 2,720. H = 24. Ätzung: 1 % NaOH. — Abb. 164. Al-Cu-Ni-Motorguß. Fe-Anreicherung in Form von Nadeln und eutektischem Gefüge, dunkel. γ = 2,843. H = 100. Ätzung: H_2SO_4, heiß.

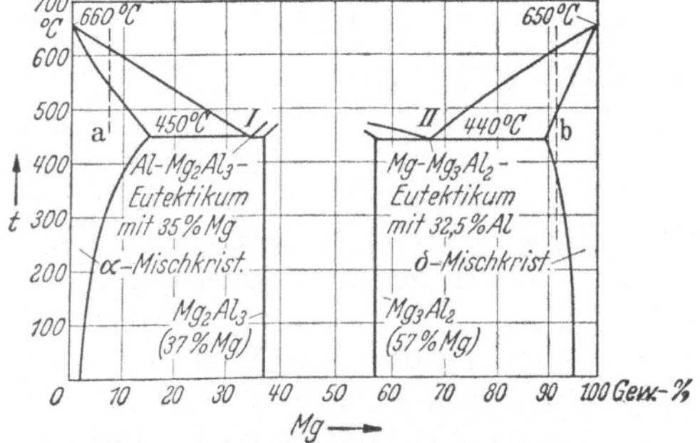

Abb. 165.
Zustandsschaubild von Al-Mg-Legierungen, vereinfacht.

Praktisch handelt es sich meistens um Legierungen mit mehr als einem Zusatzstoff, z. B. bei den bekannten Elektronlegierungen. Al ist bis 10 %, Zn bis 4,5 %, Mn, das die Korrosionsgefahr vermindern soll, bis zu 2 % vorhanden. Nach hinreichend langsamer Erstarrung sind diese geringen Mengen in den α-Mischkristallen gelöst. Infolge Kristallseigerung [21] sind aber häufig auch noch Kristalle einer β-Art, z. B. Al_3Mg_4 (oder Al_2Mg_3), MgZn, Mg_2Si usw., und zwar meist an den Korngrenzen ausgeschieden (Abb. 168a ··· c). Die Mg-Mn-Legierungen (Abb. 169) haben nach Abb. 167b einen sehr kleinen Erstarrungsbereich [21], eignen sich daher gut zur Schmelzschweißung, da die Naht nach geringer Abkühlung starr, d. h. tragfähig wird. Einige Mg-Legierungen können ausgehärtet werden [51].

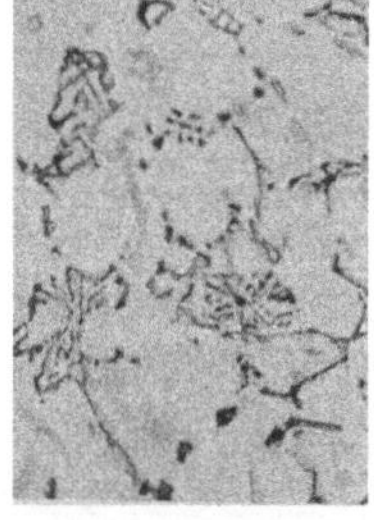

Abb. 166. V = 100. Al-Mg-Sandguß. Baubeschlagteil. Leg. (a) in Abb. 165. Eutektikum I dunkel. $\sigma_B = 18$, $\delta = 2{,}5$. $H = 71$. $\gamma = 2{,}630$. Ätzung: 10 % NaOH, kalt.

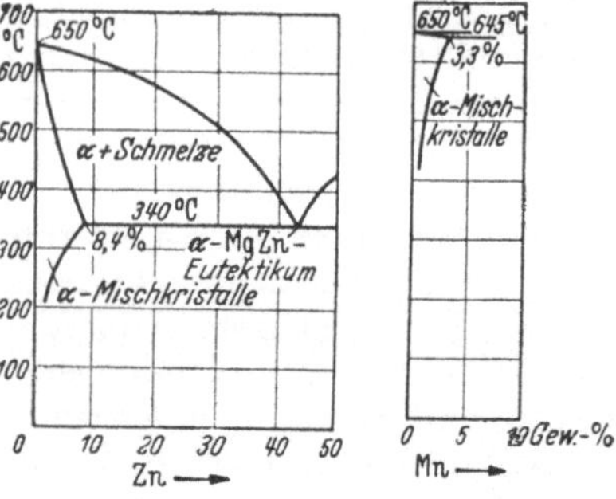

Abb. 167a. Abb. 167b.
Abb. 167. Zustandsschaubilder von Mg-Legierungen. a) Mg-Zn. b) Mg-Mn.

Die mechanischen Eigenschaften der Mg-Legierungen mit α-Gefüge ähneln denen des Reinmagnesiums, dessen sechsseitige Raumgitterzelle [49] (Abb. 170) in verschiedenen Richtungen sehr verschiedene Festigkeit hat. Bei der würfelförmigen Zelle [14] der meisten anderen Metalle ist dieser Unterschied viel geringer. Gußstücke mit

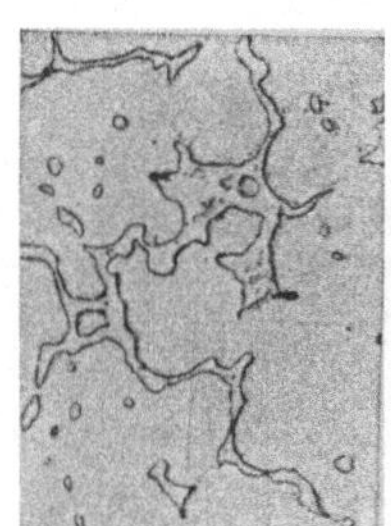

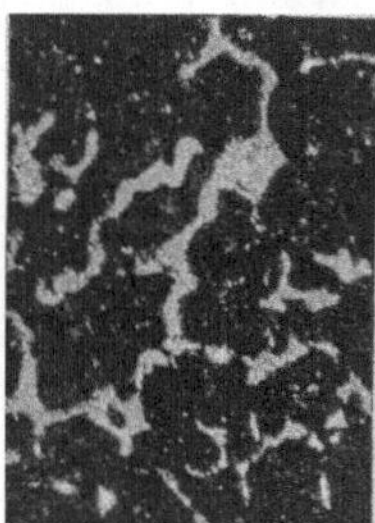

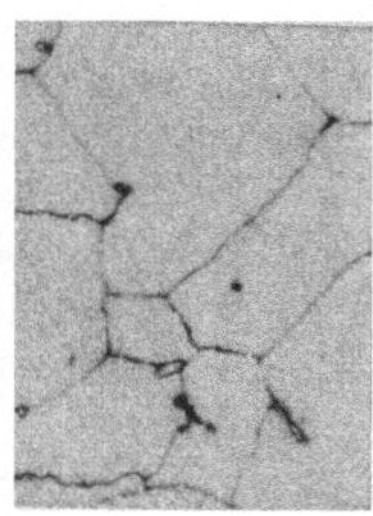

Abb. 168a. V = 100. Abb. 168b. V = 100. Abb. 168c. V = 100.
Abb. 168 a ··· c. Mg-Al.-Gußgehäuse. Leg. (b) in Abb. 165. $\gamma = 1{,}818$. a) Ungeätzt, poliert mit HNO_3-Zuschuß: Eutektikum II, hell umrissen. $H = 61$. b) Ätzung HCl, δ = Mischkristalle dunkel. c) Drei Tage auf 400° erhitzt. Homogenes δ-Gefüge. $H = 46$.

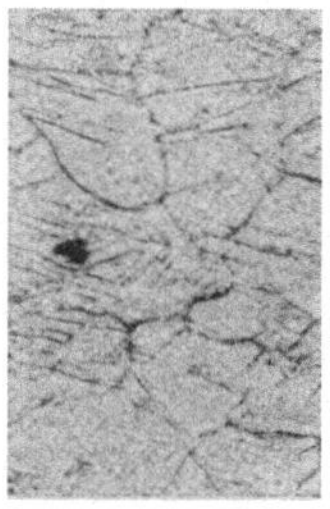

Abb. 169. V = 200. Mg-Mn-Blech mit 2 % Mn. α-Gefüge mit Zwillingsbildungen. $\sigma_B = 24$, $\delta_{10} = 7$ %.

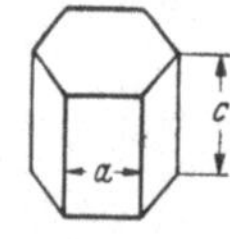

Abb. 170. Hexagonale Raumgitterzelle. Größen bei Mg: $a = 3{,}20$, $c = 5{,}20$ Å; bei Zn: $a = 2{,}66$, $c = 4{,}84$ Å.

regelloser Lagerung würfelförmiger Kristalle haben daher schon bei geringerer Kornfeinheit nach allen Richtungen gleiche Festigkeit als Mg-Legierungen. Diese müssen also besonders feinkörnig sein. In gewalzten oder geschmiedeten Mg-Legierungen ordnen sich zudem die Kristalle so, daß die sechsseitige Grundfläche der Zellen parallel zur Fließrichtung stehen. Will man daher in den verschiedenen Richtungen annähernd gleiche Eigenschaften haben, so muß man mit Stauch- und Streckrichtung bei der Warmverarbeitung in passender Weise abwechseln.

54. Dreistofflegierungen. Weitaus die meisten Al-Legierungen enthalten mehr als zwei, mindestens also drei Bestandteile. Zur Kennzeichnung von Zusammensetzung und Eigenschaften solcher Legierungen verwendet man häufig das Dreiecksschaubild (Abb. 94). Enthält eine Legierung von ihren Bestandteilen A, B und C die verhältnismäßigen Mengen a, b und c in Prozenten, so ist im gleichseitigen Dreieck von der Seitenlänge 100 (Abb. 171) jeder möglichen

Legierung ein Punkt P zugeordnet, aus dessen Lage man die Mengen a, b und c leicht bestimmen kann. Zieht man z. B. von P aus Parallelen zu den in der Ecke A sich schneidenden Dreiecksseiten bis zum Schnitt mit der A gegenüberliegenden Dreiecksseite BC, so stellen deren gleiche Längen die Menge a von A in Prozenten dar. Entsprechendes gilt für die Bestandteile B und C (Abb. 171). Auch auf den Dreiecksseiten kann man die Mengen a, b, c der Bestandteile mit Hilfe dieser Parallelen abgreifen, z. B. a, indem man durch P die Parallele zur Seite BC (der Ecke A gegenüberliegend) zieht. Sie schneidet auf jeder durch die Ecke A gehenden Dreiecksseite die Menge a aus. Meist wählt man die Abschnitte a, b, c auf den Dreiecksseiten so, daß ihr Umfahrungssinn mit dem der Ecken A, B, C übereinstimmt (in Abb. 171 außerhalb des Dreiecks bezeichnet). Wiegt ein Bestandteil, z. B. A, an Menge stark über gegen die beiden anderen, so genügt zur Darstellung der Gefügezustände die Ecke des Dreiecks bei A. Man mißt in diesem Falle den Bestandteil C im Uhrzeigersinn auf der Seite AC (in Abb. 171 innerhalb des Dreiecks bezeichnet). An der Messung von A und B durch a und b ändert sich nichts.

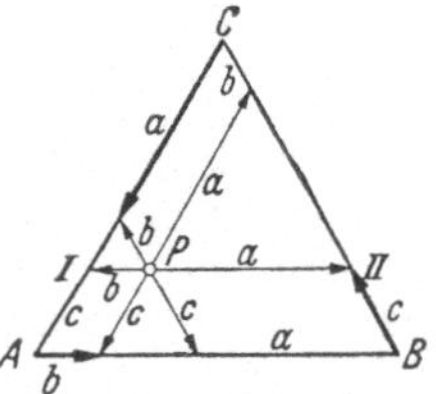

Abb. 171. Darstellung der Bestandteile im Dreiecksschaubild.

Zur Beachtung beim Studium des Folgenden sei zunächst das Wichtigste über die verwendeten Bezeichnungen zusammengestellt. Mit den Buchstaben A, B, C sind die Stoffe bezeichnet, die die betrachtete Legierung bilden. Sie können sowohl Elemente als auch chemische Verbindungen sein. Zum Beispiel kann bei einer Al-Cu-Si-Legierung $A = \text{Al}$, $B = \text{Cu}$ und $C = \text{Si}$ sein. Gleichzeitig haben die Buchstaben eine geometrische Bedeutung. Sie bezeichnen nämlich die Eckpunkte im Dreiecksschaubild. Chemische Verbindungen zwischen den Bestandteilen A, B, C werden mit den Zahlen I, II, III usw. gekennzeichnet. Auch sie bedeuten außerdem geometrisch die Punkte, die im Dreiecksschaubild der Verbindung zukommen. Zum Beispiel ist eine Verbindung I mit 50% A und 50% C durch einen Punkt I mitten zwischen den Punkten A und C dargestellt. Strecken auf dem Umfang des Dreiecks bedeuten Mengen der Bestandteile A, B, C in Prozenten. Zum Beispiel bedeutet im vorigen Beispiel die Strecke $\overline{CI}$ 50% von A, die Strecke $\overline{AI}$ 50% von C. Die Mengen von A, B, C der betrachteten Dreistofflegierung werden allgemein durch die kleinen Buchstaben a, b, c bezeichnet. Sollen dagegen die Mengen an A, B, C angegeben werden, die z. B. eine Legierung oder Verbindung I enthält, so wird auf sie durch einen angehängten Weiser hingewiesen, z. B. wäre im obigen Beispiel $a_1 = \overline{CI} = 50\%$ und $c_I = \overline{AI} = 50\%$. Bei den folgenden kurzen Erklärungen ist vorausgesetzt, daß der Leser durch eigenes Zeichnen und Rechnen die Zusammenhänge verfolgt. Alle Beziehungen ergeben sich aus sinngemäßer Anwendung der einfachsten Sätze über ähnliche Dreiecke. Eigenes Durcharbeiten ist die notwendige Grundlage für erfolgreiches Arbeiten mit dem Dreiecksschaubild.

Alle Legierungen, deren Bezugspunkte P auf einer Parallelen zu einer Dreiecksseite liegen, enthalten die gleiche Menge desjenigen Bestandteiles, der an der gegenüberliegenden Ecke liegt, z. B. enthalten alle Legierungen, deren Punkte auf der Parallelen I—II zur Seite AB (Abb. 171) liegen, augenscheinlich die gleiche Menge c von C, während sich die Mengen a und b zu der stets gleichen Gesamtmenge $a + b = 100 - c$ zusammensetzen. Die Endpunkte der Parallelen entsprechen den Zweistofflegierungen I bzw. II, die beide c% von C enthalten, während I die Menge $a_I = \overline{CI}$ von A und II die Menge $b_{II} = \overline{CII}$ von B enthält, wobei $a_I = b_{II}$. Eine Legierung auf der Parallelen I—II mit a % von A enthält a/a_I % von I, eine ebensolche mit b % von B b/b_{II} % von II, so daß jeder Punkt der Parallelen I—II als eine Zweistofflegierung der beiden Legierungen I und II aufgefaßt werden kann. Das bleibt auch gültig, wenn a_I nicht gleich b_{II} ist, d. h. wenn die Gerade I—II nicht einer Dreiecksseite parallel ist (Abb. 172), also die Legierung I von C die Menge $c_I = \overline{AI}$, die Legierung II die Menge $c_{II} = \overline{BII}$ enthält, wo $c_I \neq c_{II}$. Denn aus der Ähnlichkeit entsprechender Dreiecke folgen für die durch P entstehenden Abschnitte x bzw. y der Geraden I—II die aus der Abbildung leicht abzulesenden Beziehungen $a = a_I\, x/(x + y)$, $b = b_{II}\, y/(x + y)$ und $c = c_I\, x/(x + y) + c_{II}\, y/(x + y)$. Geht die Gerade I—II durch eine Ecke des Dreiecks, so daß z. B. I mit A zusammenfällt (AII in Abb. 172), so kann man sich alle Legierungen, deren Punkte auf dieser Geraden liegen, aus dem Bestandteil der Ecke A und der Legierung II zusammengesetzt denken, so daß sich also in allen diesen Legierungen die Bestandteile B und C im gleichen Verhältnis b_{II}/c_{II} mischen.

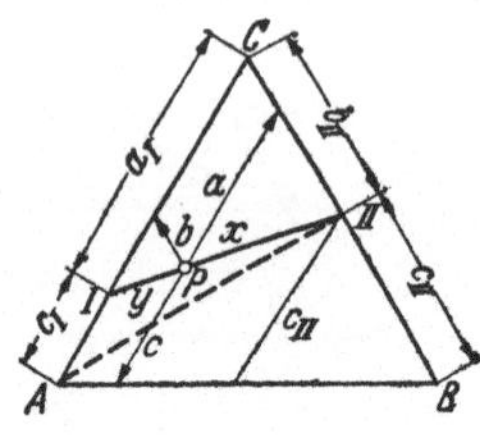

Abb. 172. Besondere Beziehungen im Dreiecksschaubild.

Besondere Bedeutung gewinnen die besprochenen Geraden, wenn die Legierungsbestandteile paarweise chemische Verbindungen miteinander bilden, so daß I und II nicht irgendwelche Legierungen, sondern bestimmte Verbindungen bedeuten. Erstarrte Legierungen, deren Punkte auf der Verbindungsgeraden I—II liegen, sind dann häufig aus Kristallen der Verbindungen I und II zusammengesetzt und stellen daher gleichsam ein Zweistoffsystem oder quasibinäres System (lat. quasi = gleich wie) dar. Kreuzen können sich solche Geraden im Dreieck nie, weil sonst die durch den Schnittpunkt dargestellte Legierung aus vier Kristallarten zusammengesetzt sein müßte, während nach einem allgemeinen Gesetz (Phasenregel) Legierungen aus drei Bestandteilen nach der Erstarrung höchstens aus drei Kristallarten bestehen können.

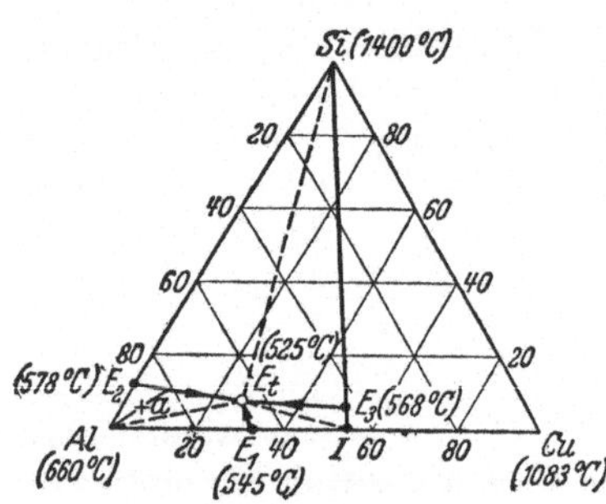

Abb. 173. Al-Cu-Si-Schaubild, ohne Berücksichtigung der Mischkristallbildung.

55. Al-Mehrstofflegierungen gibt es eine sehr große Zahl, von der hier nur eine kleine Auswahl als Beispiele behandelt werden können. Die Legierungen der Gattung Al-Cu enthalten meist geringe Mengen Si (0,2···0,5 %), sind also genauer als Al-Cu-Si-Legierungen anzusprechen. Umgekehrt setzt man Gußlegierungen der Gattung Al-Si manchmal zur Verbesserung der Gießbarkeit und Dauerfestigkeit Cu (0,7···0,9 %) zu, so daß ebenfalls Al-Cu-Si-Legierungen entstehen. Ferner enthalten gewisse Kolbenlegierungen Cu und Si in größeren Mengen. Die entstehenden Gefügearten lassen sich an einem Dreiecksschaubild für die Bestandteile Al, Cu, Si (Abb. 173) ablesen. Die chemische Verbindung Al_2Cu mit 54 % Cu ist mit I bezeichnet. Sie bildet mit Si ein Zweistoffsystem, dessen Punkte auf der Geraden SiI liegen. Das System hat ein Eutektikum (~4 % Si in Al_2Cu), entsprechend dem Punkt E_3. Die Eutektika zwischen Al einerseits und Cu bzw. Si andererseits sind durch die Punkte E_1 bzw. E_2 dargestellt. Die Bildungstemperaturen sind in Klammern beigeschrieben. Eine Legierung, die in der Nähe der Al-Ecke des Dreiecks liegt, scheidet beim Erstarren zunächst Al-Kristalle ab (strenggenommen Al-Mischkristalle); ebenso scheiden Legierungen zunächst Si- bzw. I-Kristalle ab, wenn sie in der Nähe der Ecken Si bzw. I liegen. Die drei Ecken sind durch die Linien E_1E_t, E_2E_t, E_3E_t gegeneinander abgegrenzt. Legierungen, die auf diesen Grenzlinien liegen, scheiden bei der Erstarrung zunächst die entsprechenden Eutektika E_1, E_2, E_3 ab. Die Zusammensetzung der Schmelze ändert sich dann längs der Grenzlinien bis zum Punkt E_t. Dort erstarrt die Restschmelze einheitlich zu einem aus allen drei Bestandteilen zusammengesetzten (ternären) Eutektikum E_t. Die Legierung a (Abb. 173) scheidet demnach Al-Kristalle aus. Da sich das Verhältnis I : Si in der Restschmelze dabei nicht ändert, wandern die Punkte der Schmelze auf der durch die Al-Ecke gehenden Geraden bis zum Schnitt mit E_2E_t. Von da ab scheidet sich aus der Schmelze das Eutektikum E_2 ab, wobei die Zusammensetzung der Restschmelze sich längs E_2E_t ändert bis zum Punkt E_t, wo wiederum der Rest zum ternären Eutektikum erstarrt. Eine auf der Geraden Al—E_t liegende Legierung scheidet zunächst Al und schließlich E_t ab. Alle diese Vorgänge gehen bei fallender Temperatur vor sich.

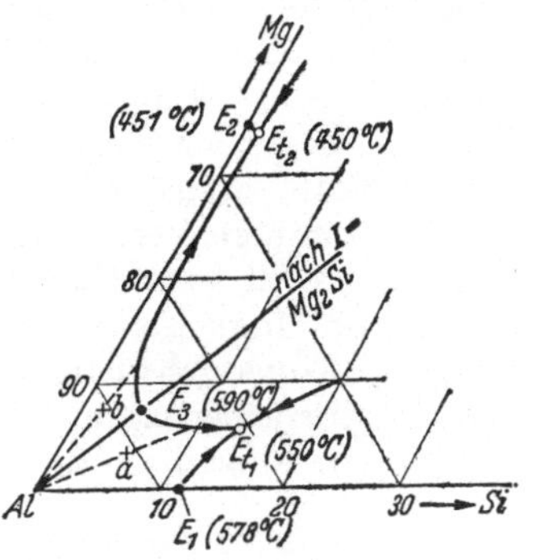

Abb. 174. Al-Si-Mg-Schaubild, ohne Berücksichtigung der Mischkristallbildung (Al-Ecke).

Da praktisch nur Legierungen aus der Al-Ecke benutzt werden, läßt man im Schaubild häufig die anderen Dreiecksteile fort, wie es Abb. 174 für Al-Si-Mg-Legierungen zeigt. Mg bildet mit Si die Verbindung I (Mg_2Si). I und Al bilden ein Zweistoffsystem längs der Geraden Al—I, die man sich bis zum Schnitt mit der gegenüberliegenden Dreieckseite fortgesetzt zu denken hat. Auf dieser Schnittgeraden ist das Al-I-Eutektikum E_3 eingezeichnet. Al und Si bilden das Eutektikum E_1, Al und Mg das Eutektikum E_2. Die Gerade Al—I teilt die Al-Ecke in zwei Teile; in dem unteren liegen die Legierungen, die sich aus Al, Si und I zusammensetzen, in dem oberen die aus Al, I und Mg bestehenden. In jedem Teil bildet sich ein ternäres Eutektikum (E_{t1} bzw. E_{t2}), zu dem die Grenzlinien von E_1, E_2, E_3 sowie den eutektischen Legierungen zwischen Si und Mg hinlaufen, die nicht eingezeichnet sind. Die Legierungen a und b (Abb. 174) scheiden demnach beide zunächst Al ab, bis zum Schnitt der Geraden Al—a bzw. Al—b mit E_3E_{t1} bzw. E_3E_{t2}. Dann scheiden sie das Eutektikum E_3 ab, bis die Restschmelze von a zu E_{t1}, die von b zu E_{t2} erstarrt.

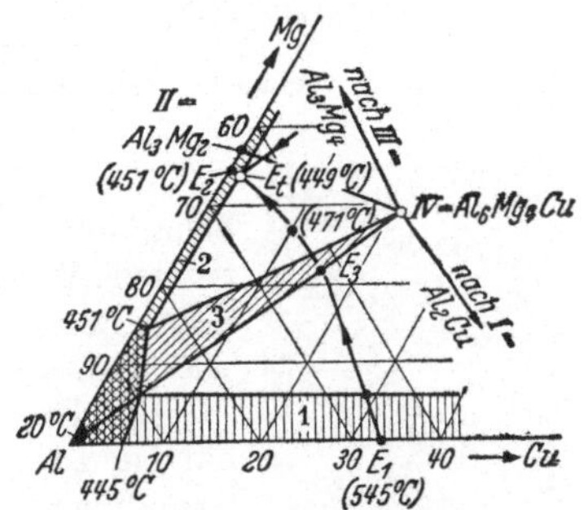

Abb. 175. Al-Cu-Mg-Schaubild, mit Berücksichtigung der Mischkristallbildung (Al-Ecke).

Wie bei den Zweistoffsystemen, so bilden sich auch bei den Dreistoffsystemen Mischkristalle dadurch, daß z. B. Al in gewissen, freilich begrenzten Mengen die beiden anderen Bestandteile im Raumgitter aufnimmt, was bisher vernachlässigt wurde, um die Darstellung zu vereinfachen. Abb. 175 stellt die Al-Ecke der Al-Cu-Mg-Legierungen dar. Innerhalb der kreuzweise schraffierten Fläche scheiden alle Legierungen nur α-Mischkristalle aus, erstarren also homogen [28], d. h. bilden nur eine Gefügeart. Beim Abkühlen auf Zimmertemperatur schrumpft das homogene Gebiet auf die kleine schwarze Ecke zusammen, die in Abb. 175 mit 20^0 bezeichnet ist. Wir erkennen in diesem Zusammenschrumpfen die Grundbedingung der Aushärtbarkeit wieder

[39 und 51]. Legierungen innerhalb der Flächen 1 und 2 scheiden beim Erstarren zunächst α-Mischkristalle ab, dann längs der von E_1 bzw. E_2 ausgehenden Linien diese Eutektika, die aus α-Mischkristallen und den Verbindungen *I* bzw. *II* bestehen. Die erstarrten Legierungen enthalten also zwei Kristallarten; sie sind heterogen. Al geht mit Mg noch die Verbindung *III* (Al_3Mg_4), sowie mit Mg und Cu die Verbindung *IV* (Al_6Mg_4Cu) ein, die mit Al ein Zweistoffsystem längs der Geraden Al—*IV* bildet mit dem Eutektikum E_3. Diese Gerade teilt, ähnlich wie in Abb. 174 die Gerade Al—*I*, die Al-Ecke in zwei Teile. Legierungen, die innerhalb der Fläche 3 liegen, bestehen nach dem Erstarren ebenfalls aus zwei Gefügebestandteilen, nämlich α-Mischkristallen und *IV*. Die in den ungestrichelten Flächen liegenden Legierungen enthalten drei Gefügebestandteile, nämlich auf der Cu-Seite α, *I* und *IV*, auf der Mg-Seite α, *II* und *IV*.

Die genauere Verfolgung der Gefügebildung von Dreistoffsystemen führt zum Teil auf recht verwickelte Erscheinungen, ist aber vielfach geeignet, die verschiedenen brauchbaren Legierungen, die möglich sind, gegeneinander abzugrenzen. Noch schwieriger wird naturgemäß die Verfolgung der Erscheinungen bei Vierstofflegierungen, doch lassen sich auch dafür noch einige allgemeingültige Richtlinien aufstellen, die jedoch hier nicht Platz finden können.

E. Lagermetalle. Weißmetalle. Zinklegierungen.

56. Allgemeines über Lagermetalle. Wie üblich werden hier als Lagermetalle nur solche bezeichnet, deren Gleiteigenschaften bei Wellenlagerungen und Geradführungen ausgenutzt werden. Ihre wichtigsten Eigenschaften sind genügende Druckfestigkeit bei den praktisch vorkommenden Belastungen und Lagerabmessungen, Schonung der Zapfen durch Abnützung bzw. Nachgeben bei örtlicher Überlastung, geringe Reibung bei geeigneter Schmierung, gute Wärmeleitfähigkeit zur schnellen Abführung der Reibungswärme. Die als Lagerwerkstoffe gebräuchlichen Metalle enthält folgende Übersicht:

Lagermetalle						
Kupferlegierungen			Weißmetalle		Sondermetalle	
Zinnbronze	Rotguß	Sonderbronzen	Zinnlegierungen	Bleilegierungen	Aluminiumlegierungen	Gußeisen

Abb. 176. V = 100. Sn-Gußbronze (GBz 20 nach DIN 1705) mit 20 % Sn. Ätzung: Amm.-Persulf. Gleitschiene. Bäumchengefüge. $H = 150\,kg/mm^2$ (vgl. Abb. 144).

Im folgenden werden nur die Zinnweißmetalle etwas näher behandelt. Sie bilden ein lehrreiches Beispiel für den praktischen Wert einfacher metallographischer Kenntnisse, auch heute, wo man mit Rücksicht auf den Zinnmangel mit Erfolg andere Lagerwerkstoffe entwickelt.

Alle Lagermetalle besitzen im Gefüge nach dem Einlaufen härtere tragende Bestandteile, die ein wenig über die weichere Grundmasse herausragen, so daß zwischen dieser und dem Zapfen ein Zwischenraum für die Schmierschicht bleibt. Beim Gußeisen sind Perlit- und auch Zementitkörner die härteren tragenden Bestandteile, Ferrit und Graphit dagegen weich. Bei Aluminiumlegierungen lernten wir Si-Kristalle (Abb. 161) als Tragkörperchen kennen. Auch mit anderen Bestandteilen hat man Al-Lagermetalle mit Erfolg legiert. Unter den Kupferlegierungen sind die Zinnbronzen für hochbelastete Lager sehr geeignet. Die Tragkörper bildet das harte und spröde α-δ-Eutektoid [45]. Die härtesten Zinnbronzen mit 20 % Sn ($H = 160\,kg/mm^2$) können nur als Spurlager,

Gleitschienen, Schieberspiegel usw. verwendet werden, d. h. da, wo sie lediglich Druck aufzunehmen haben (Abb. 176). Bei **Rotguß** [45] werden die Tragkörper ebenfalls von dem harten α-δ-Eutektoid gebildet (Abb. 145). Die Grundmasse der Kupferlegierungen wird etwas nachgiebiger durch einen geringen Bleizusatz [46].

57. **Zinnweißmetalle** sind Vierstofflegierungen aus Zinn (Sn), Antimon (Sb), Kupfer (Cu) und Blei (Pb). Sie haben eine Kugeldruckhärte (bestimmt mit der 10-mm-Kugel bei 500 kg während 3 min) von 30···40 kg/mm². Ihre Tragfähigkeit ist geringer als die der Cu-Legierungen ($H = 60 \cdots 160$ kg/mm²), ihre Nachgiebigkeit gegen örtliche Überlastung aber weit größer. Sie passen sich ungleichen Zapfendrucken, die durch elastische Verformung der Welle entstehen können, leicht an. Die Zusammensetzung der praktisch verwendeten Weißmetalle ist so genormt (DIN 1703), daß sich Zinn und Blei gegenseitig zu 82···83% der Gesamtmenge ergänzen (Abb. 177), so daß das teure und schwer erhältliche Zinn in verschiedenem Maße durch Blei ersetzt werden kann. Da Blei die Legierung weicher macht, setzt man 12···15% des härtenden Antimons zu, und zwar um so mehr, je mehr Blei vorhanden ist. Der Cu-Zusatz von 6···1,5% soll ein Schutz sein gegen die beim Gießen leicht auftretende Entmischung. Einen Anhalt über den Bleizusatz bietet die Bestimmung des spez. Gewichts γ (Abb. 177).

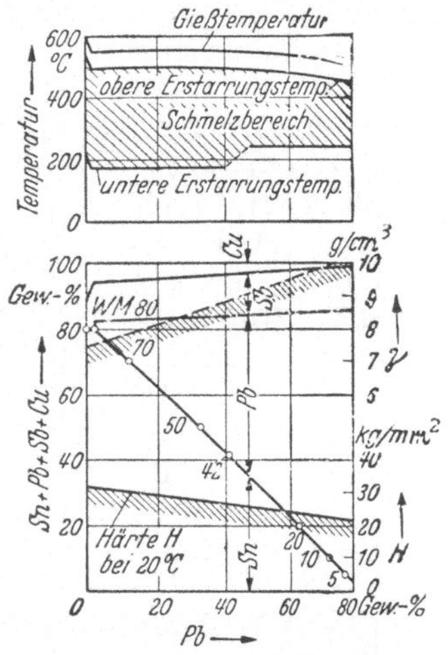

Abb. 177. Zusammensetzung, Härte H, Schmelzbereich und spezifisches Gewicht γ (gestrichelt) von Zinn-Weißmetallen. Die bezeichneten Punkte entsprechen WM (Weißmetall) der DIN 1703.

Beim Schmelzen und Erstarren treten ziemlich verwickelte Vorgänge auf. Ihre genaueste Kenntnis ist jedoch für die praktische Handhabung und Beurteilung der Metalle nicht erforderlich. Schmelzen und Erstarren gehen in einem ziemlich weiten Temperaturbereich zwischen der oberen und unteren Erstarrungsgrenze (Abb. 177) vor sich. Daher neigen die Legierungen zur Entmischung, weil die in der Schmelze ausgeschiedenen Kristalle Zeit haben, ihrem Auftrieb zu folgen und sich oben in der Schmelze anzusammeln. Bei der oberen Erstarrungsgrenze scheiden sich Kristalle einer Cu-Sb-Verbindung aus. Bei der unteren Erstarrungsgrenze kristallisiert der noch flüssige Legierungsrest zu einem ternären Eutektikum, das die nachgiebige Grundmasse des Lagermetalls bildet. Dazwischen gehen noch weitere Kristallbildungen vor sich, von denen am wichtigsten die Ausscheidung würfelförmiger, harter Sb-Sn-Mischkristalle ist, die im Gefüge die Tragkörperchen bilden (Abb. 178 u. 179). Zum Gießen erhitzt man etwa 50° über die obere Erstarrungsgrenze und führt durch einen eingelegten Eisendorn die Wärme schnell ab. Man verringert so die Seigerung und erhält infolge feinen Korns (Abb. 178) gute Härte. Bei zu hoher Erhitzung und zu langsamer Wärmeabführung wird das Metall durch Bildung groben Korns (Abb. 179) nicht genügend und ungleich hart. Lagerschalen mit

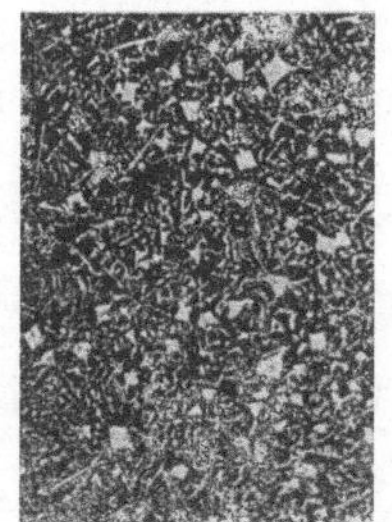

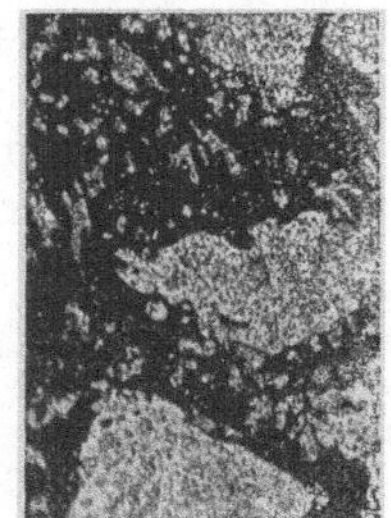

Abb. 178. V = 100. Abb. 179. V = 100.

Abb. 178. Zinn-Weißmetall WM 10 (etwa 10% Sn, 73,5% Pb, 15% Sb, 1,5% Cu). Tragkörper: helle Würfel; eutektische Grundmasse: dunkel, gezeichnet. Ungeätzt. Feinkörnig. $H = 28{,}6$ kg/mm². $\gamma = 9{,}7$ g/cm³. — Abb. 179. Zinn-Weißmetall WM 80 (etwa 80% Sn, 2% Pb, 12% Sb, 6% Cu). Ungeätzt. Grobkörnig, überhitzt. $H = 22{,}4$ kg/mm² (richtige Härte s. Abb. 177). $\gamma = 7{,}4$ g/cm³.

grobem Korn neigen zu starkem Verschleiß und Festfressen. Bei unvorsichtigem Schmelzen können durch Oxydation schädliche Zinnsäureeinschlüsse entstehen [45]. Im Gegensatz zu den Cu-Legierungen nimmt bei Weißmetallen die Härte mit steigender Temperatur stark ab (Abb. 180), so daß die Lagertemperatur in mäßigen Grenzen gehalten werden muß.

Die Umwandlungstemperaturen kann man mit verhältnismäßig einfachen Mitteln (Abb. 181) bei Abkühlung oder Erwärmung bestimmen, indem man ein Thermometer etwa alle 30 s abliest und die Werte in ein Schaubild einträgt (Abb. 182) (vgl. hierzu Abb. 49 u. 55).

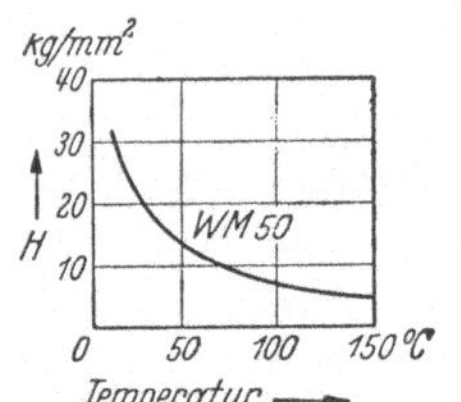

Abb. 180. Abhängigkeit der Härte von der Temperatur bei WM 50 (etwa 50 % Sn, 33 % Pb, 14 % Sb, 3 % Cu).

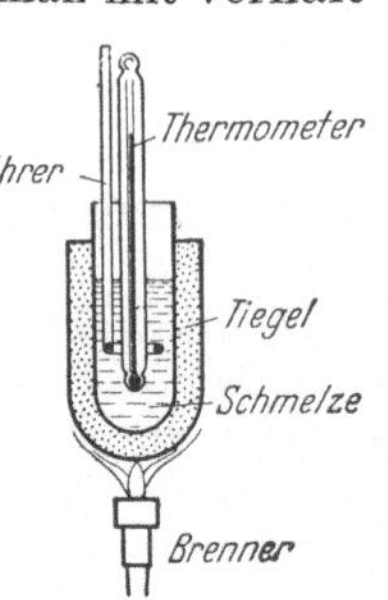

Abb. 181. Vorrichtung zur Bestimmung der Umwandlungstemperaturen.

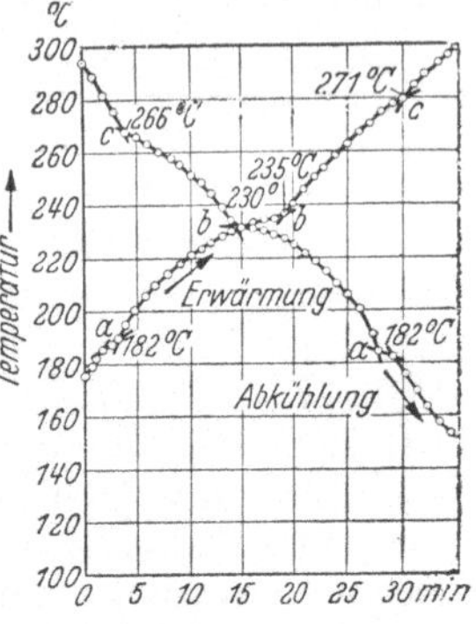

Abb. 182. Erwärmungs- und Abkühlungskurve unterhalb 300° von WM 80. Schmelzen und Erstarren der Grundmasse bei *a*, **der Tragkörperchen bei *b*, *c*.**

58. Zinklegierungen.

Neuerdings versucht man mit Erfolg, Sparstoffe, z. B. Ms, durch aus deutschen Rohstoffen hergestellte Zn-Legierungen zu ersetzen. Diese enthalten als Zusätze hauptsächlich Al und Cu, wie die schon seit längerem bekannten Spritzgußlegierungen. Nach Abb. 183, die das Ende des Schaubildes Abb. 137 bei Zn = 100 % darstellt, löst Zn bei 423° 2,68 % Cu in η-Mischkristallen. Da die Löslichkeit bei fallender Temperatur abnimmt, scheidet sich beim Erkalten der Cu-reichere ε-Bestandteil bei allen praktisch vorkommenden Cu-Gehalten aus. Bei weniger als 2,68 % Cu besteht das Gefüge nach dem Erstarren nur aus η-Kristallen (Abb. 184), bei mehr Cu aus zuerst ausgeschiedenen η-Mischkristallen in ε-Grundmasse (Abb. 185). Die meisten Zn-Legierungen sind Dreistofflegierungen aus Zn, Al und Cu, die zusammen bei 377° ein Eutektikum mit 7,05 % Al, 3,85 % Cu und 89,1 % Zn bilden. Das Eutektikum füllt im Gefüge die Zwischenräume zwischen den zuerst erstarrten, niedriger legierten Mischkristallen aus (Abb. 186a···c).

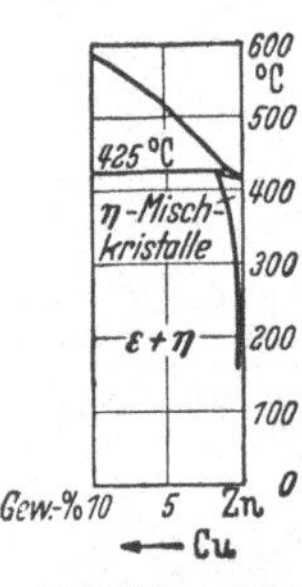

Abb. 183. Zustandsschaubild von Zn-Cu-Legierungen.

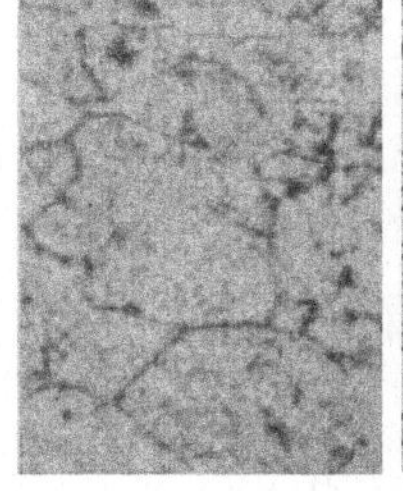

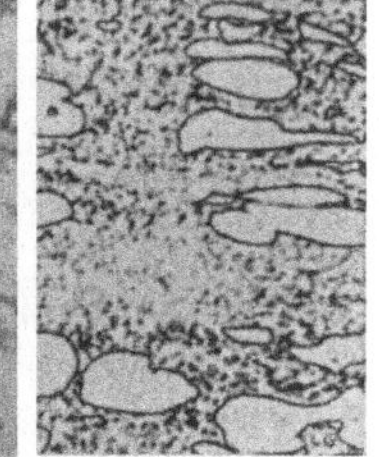

Abb. 184. V = 200. Abb. 185. V = 200.

Abb. 184. Zn-Leg. mit 1,5 % Cu. η-Mischkristalle mit punktförmigen ε-Ausscheidungen. Walzblech, 4,8 mm, hart, $\sigma_B = 37{,}5$, $\delta = 4\,\%$.

Abb. 185. Zn-Leg. mit 4,2 % Cu. η-Kristalle in ε-Grundmasse. Walzblech 5 mm, halbhart. $\sigma_B = 27$, $\delta = 18\,\%$.

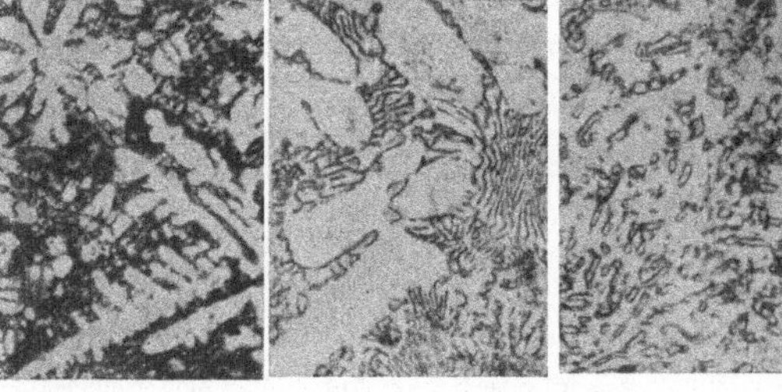

Abb. 186a. V = 200. Abb. 186b. V = 200. Abb. 186c. V = 200.

Abb. 186a···c. Zn.-Leg. mit 4 % Al und 1 % Cu.

a) Sandguß, Bäumchengefüge, $\sigma_B = 21$, $\delta = 1\,\%$.
b) Kokillenguß, Mischkristalle in Eutektikum, $\sigma_B = 25$, $\delta_{10} = 1\,\%$.
c) Stanzblech, 5 mm, hart, Gefüge stark verzerrt, $\sigma_B = 38$, $\delta = 19\,\%$.

Alterungsvorgänge, wie die Ausscheidungen nach Abb. 184 und ähnliche Änderungen des Gefüges im Laufe der Zeit machen die Zn-Legierungen leicht maßunbeständig. Dem kann durch Zusätze (Mg), künstliches Altern und dergleichen entgegengewirkt werden. Vor allem muß Feinzink von hoher Reinheit (bis zu 99,995 %) verwendet werden. Da Zn wie Mg eine hexagonale (sechseckige) Raumgitterzelle hat [49], gilt bei ihm hinsichtlich der Walzrichtungen ähnliches wie bei den Mg-Legierungen [53].

Anhang.

Über die Herstellung der Gefügebilder.

Die Schliffe und Schliffbilder stammen ebenso wie die Ergebnisse der mechanischen Untersuchungen aus der praktischen Werkstoffprüfung[1]. Sie wurden kalt durch Sägen, Bohren, Schleifen (Abb. 86), Abschlagen (Abb. 38) den Prüfstücken entnommen. Eisen- und Stahlschliffe wurden auf Schmirgelpapieren der 8 Körnungen: 3, 2, 1G, 1M, 1F, 0, 00 und 000[2] geschliffen, weiche Cu- und Al-Schliffe (Abb. 134, 163, 164 ··· 168) auf Papieren bis 5/0, auf denen zum Festhalten der Schmirgelkörnchen etwas Paraffin verrieben war. Die Papiere (225 × 340 mm) waren auf Spiegelglasscheiben festgeklemmt; es wurde mit der Hand geschliffen. Poliert wurde auf einer umlaufenden waagerechten Polierscheibe $n = 500 \cdots 1000$ Uml/min), deren Wolltuchbespannung mit dem Poliermittel getränkt war. Als solches diente bei Eisen und Stahl eine Aufschwemmung von Tonerde I in Wasser mit einem geringen Zusatz von Salpetersäure (HNO_3). Die Cu- und Al-Schliffe wurden mit Tonerde III poliert, bei den Al-Schliffen war sie in Alkohol aufgeschwemmt, um das Anlaufen der Schliffe im Wasser zu vermeiden. Die weichen Schliffe wurden mit Putzpomade vorpoliert. Die Politur wurde so weit getrieben, wie es dem praktischen Prüfzweck entsprach.

Alle Eisen- und Stahlschliffe für stärkere Vergrößerung wurden, falls bei den Abbildungen nichts Besonderes bemerkt ist, mit Salpetersäure geätzt [2 cm³ HNO_3 in 100 cm³ Alkohol]. Zur Färbung des Zementits (Abb. 114) wurde Natriumpikratlösung [25 g Ätznatron, 2 g Pikrinsäure (krist.), 75 cm³ H_2O] verwendet. Schwer angreifbare Stähle (Abb. 33, 86) wurden mit Pikrinsäure und Salzsäure [4 g Pikrinsäure (krist.), 100 cm³ Alkohol, 20 Tropfen HCl] geätzt bzw. (Abb. 32) mit Ammoniumpersulfatlösung [(*a*) 15 % $(NH_4)_2SO_4$ in H_2O; (*b*) 50proz. HCl; (*c*) konz. Lösung von Orthonitrophenol in Alkohol: gleichen Teilen von (*a*) und (*b*) so viel (*c*) zusetzen, bis eben Niederschlag entsteht]. Die Ätzung von Abb. 32 wurde elektrolytisch unterstützt [Strom von 0,01 A je cm² Oberfläche vom Schliff als Anode (Lösungselektrode) zu edlerer Elektrode (Platin) übergehen lassen].

Die Eisen- und Stahlschliffe für Übersichtsbilder wurden mit Schwefelsäure [5 cm³ H_2SO_4 auf 100 cm³ H_2O] zum Sichtbarmachen der Faserung (Abb. 131, auch Abb. 108) tiefgeätzt. Auf C-Seigerung (Abb. 60, 63, 65) wurde bis 1F geschliffen und nach Heyn geätzt [10 g Kupferammoniumchlorid in 120 cm³ H_2O], auf P-Seigerung (Abb. 59, 61, 129) fein poliert und nach Oberhoffer geätzt [30 g Eisenchlorid, 1 g Kupferchlorür, 0,5 g Zinnchlorür, je 500 cm³ Alkohol und Wasser und 50 cm³ HCl], auf S-Seigerung (Abb. 62) bis 1M geschliffen und nach Baumann zwei Schwefelabdrücke auf Bromsilberpapier [mit 5proz. wässeriger H_2SO_4 getränkt] gemacht. Abb. 62 gibt den zweiten Abdruck wieder. Zum Sichtbarmachen kaltverformter Zonen (Abb. 123) wurde bis 1M geschliffen, künstlich $^1/_2$ Stunde bei 250° gealtert [39] und nach Fry geätzt [90 g Kupferchlorid, 120 cm³ konz. HCl und 100 cm³ H_2O; in 50proz. HCl nachätzen].

Für Kupfer und Kupferlegierungen wurden folgende Ätzmittel benutzt: für Abb. 132 Kupferammoniumchlorid mit Ammoniak [Heynsches Ätzmittel (s. oben) mit Ammoniak bis zur Lösung des entstehenden Niederschlags versetzen], für die Abb. 133, 145, 146 Ammoniak mit Wasserstoffsuperoxyd [Ammoniak mit einigen Tropfen H_2O_2 (Perhydrol)], für die Abb. 140, 141, 142, 147 Eisenchloridlösung [5 g $FeCl_3$, 30 cm³ HCl, 100 cm³ H_2O], für Abb. 144 Chromsäure [10 g CrO_3 in 100 cm³ H_2O], für die Abb. 138, 139 Chromschwefelsäure [5 g CrO_3 in 100 cm³ 1proz. H_2SO_4], für die Abb. 142 u. 176 Ammoniumpersulfat [1 g auf 10 cm³ H_2O]. Monel (Abb. 151) wurde mit Salpeter- und Essigsäure (20 % HNO_3 + 80 % $C_2H_4O_2$] geätzt.

[1] Die Hauptarbeit bei der Herstellung der Schliffe und Aufnahmen lag in den Händen meines langjährigen früheren Assistenten, Ing. W. Koch VDI.

[2] Alle metallographischen Hilfsmittel, einschließlich der Ätzmittel, sind im Fachhandel zu haben.

Für Aluminium und seine Legierungen wurden folgende Ätzmittel benutzt: für Abb. 157a u. b. Pikrinsäure [4 g Pikrinsäure in 100 cm^3 Alkohol], für Abb. 163 1proz. kalte Natronlauge, für Abb. 166 10proz. kalte Natronlauge, für Abb. 158 10proz. heiße Natronlauge [70°], für Abb. 157c, 164 heiße Schwefelsäure [20 cm^3 H_2SO_4 in 100 cm^3 H_2O]. Abb. 168a ist mit einem Zuschuß von HNO_3 poliert, Abb. 168b mit HCl geätzt. Den Unterschied der Wirkung verschiedener Ätzmittel zeigt der Vergleich der Abb. 15 mit 114, 157b mit 157c und 168a mit 168b. Die Aufnahmen der Schliffe wurden fast ausnahmslos mit senkrechter Beleuchtung gemacht, d. h. das Licht wurde vom Schliff senkrecht in das Mikroskop bzw. die Kamera zurückgespiegelt. Schräge Beleuchtung, bei der das Licht schräg zur Aufnahmerichtung gespiegelt wird, so daß Licht zerstreuende Stellen hell, spiegelnde dunkel erscheinen, wurde bei Abb. 61a, 108, 129, 153 angewendet. Den Unterschied der beiden Beleuchtungsarten zeigen Abb. 61a u. b.

Sachverzeichnis.

Die Zahlen bedeuten Abschnitte. Zahlen über 40 beziehen sich auf Nichteisenmetalle.

Gedruckt in der Gallus Druckerei KG Berlin-Charlottenburg 2 Gutenbergstraße 3

II. Spangebende Formung (Fortsetzung)

III. Spanlose Formung

IV. Schweißen, Löten, Gießerei

V. Antriebe, Getriebe, Vorrichtungen

(Fortsetzung 4. Umschlagseite)